融媒体活页式

数学导学教程

（第二册）

主　编　刘德群　李小凤　方　洁
副主编　满　蕊　王璐莹

苏州大学出版社

图书在版编目(CIP)数据

数学导学教程. 第二册 / 刘德群, 李小凤, 方洁主编. --苏州: 苏州大学出版社, 2024.1
ISBN 978-7-5672-4614-0

Ⅰ.①数… Ⅱ.①刘… ②李… ③方… Ⅲ.①高等数学-高等职业教育-教学参考资料 Ⅳ.①O13

中国国家版本馆 CIP 数据核字(2024)第 008210 号

书　　名: 数学导学教程(第二册)

主　　编: 刘德群　李小凤　方　洁
责任编辑: 周建兰
封面设计: 刘　俊

出版发行: 苏州大学出版社(Soochow University Press)
社　　址: 苏州市十梓街 1 号　邮编: 215006
印　　装: 苏州市深广印刷有限公司
网　　址: www.sudapress.com
邮　　箱: sdcbs@suda.edu.cn
邮购热线: 0512-67480030
销售热线: 0512-67481020

开　　本: 787 mm×1 092 mm　1/16　印张: 14.75　字数: 257 千
版　　次: 2024 年 1 月第 1 版
印　　次: 2024 年 1 月第 1 次印刷
书　　号: ISBN 978-7-5672-4614-0
定　　价: 42.00 元

前　言

五年制高职数学课程是五年制高等职业教育各专业学生必修的一门公共基础课程,承载着全面贯彻党的教育方针、落实立德树人根本任务和培育新时代德智体美劳全面发展的社会主义建设者和接班人的功能,具有基础性、发展性、应用性和职业性等特点.本书依据《五年制高等职业教育数学课程标准》(以下简称《课程标准》)编写.

本书的主要特色如下:

1.融入思政元素,坚持立德树人,发挥数学课程育人功能.

坚持以习近平新时代中国特色社会主义思想引领五年制高等职业教育教材建设,提升教材的思想性、科学性和时代性.本书融入生动的数学故事、我国古代数学史、重大数学事件及国家经济发展数据等,激发文化自信和家国情怀,培养一丝不苟、精益求精的工匠精神,以及刻苦钻研、勇于创新的科学精神.

2.突出基础,聚焦核心素养,整体把握课程教学目标.

本书内容遵循《课程标准》,以数学核心素养为主线,兼顾学生的学业质量评价标准.基于《课程标准》,考虑数学课程的基础性、发展性、应用性和职业性等特点,满足学生获得职业岗位、进一步学习及未来发展的不同需求,根据不同模块的定位,合理安排内容和结构,通过"自主学习""探究任务""典例解析""课后练习"四个层次的有效安排,循序渐进.学生在学习数学和运用数学的过程中,能用马克思主义的立场、观点和方法正确认识问题、分析问题和解决问题,不断提升直观想象、数学抽象、数学运算、逻辑推理、数据分析、数学建模、思想方法、数学精神等数学学科核心素养和终身可持续发展能力.

3.因材施教,坚持面向全体,合理设计课堂教学活动.

本书注重学生的主体地位,遵循职业教育教学规律和高等职业学校学生的身心发展规律,突出实用性、实践性和职业性.以发展学生数学核心素养为导向,科学设计栏目,图文并茂,突出时代性,兼顾趣味性和易读性.每一小节通过“学习目标”“重点难点”帮助学生明确本节课的知识结构、学习要点;通过“微课导学”“自主学习”实现学生课前有效自学;通过“探究任务”引导学生发现问题、分析问题、解决问题;通过“典例解析”等对重难点进行补充,引导学生深刻理解其中的数学思想和数学方法;通过“数学文化”“拓展应用”拓宽学生的知识面,提升学生的文化素养;通过“信息手段”激发学生的学习兴趣,拓宽知识获取渠道,给课堂带来生机,有效提升学生的学习效果.

4.强化衔接,体现职教特色,提高学生的数学应用能力.

本书打破课堂内外、学科内外、学校内外的界限,引导学生在实际生活中结合专业特点学数学、用数学.既注重与初中知识有机衔接,帮助学生顺利进入初等数学部分的学习,完成学习任务;又考虑到初等数学和高等数学之间的知识、能力方面的内在联系,减少高等数学的学习困难;同时,注重加强与专业课程、岗位职业能力的联系,为学生的专业学习提供必需的数学知识和数学能力,提高学生的数学应用能力.

5.注重实效,利用信息技术,优化教学内容呈现方式.

结合数学学科特点,创新呈现形式,以纸质书为基础,以内容为核心,以课程空间和平台为支撑,还开发配套在线开放课程、试题库等资源,并通过二维码和资源库等方式,使内容呈现形式更加形象化、立体化、动态化,形成线上线下深度融合、随时随地可学习的新形态立体化教材.

本书内容包括三角函数、数列、平面向量、直线与圆的方程.

本套书由江苏省徐州财经高等职业技术学校数学学科创新团队组织编写,于磊担任主审,张峰担任总主编.在本套书的编写过程中,总主编张峰从课程思政方面对本套书的思政元素进行引领指导,江苏省徐州财经高等职业技术学校李国庆副校长参与了研讨和编写工作,以使书稿内容能够进一步贴近生产实际,体现职业性.

我们在编写本套书时做了很多新的尝试,力图提供一套有时代特色,方便学生使用的融媒体活页式教材,以引导学生逐步学会“用数学的眼光观察世界,用数学的思维分析世界,用数学的语言表达世界”.

由于编者水平有限,书中难免会有疏漏之处,敬请读者多提宝贵意见,使教材日臻完善.读者意见反馈邮箱:20031817@xzcx.net.cn.

编　者

2023年10月

目　录

第5章　三角函数

5.1　角的概念推广 …… 1
5.2　弧度制 …… 7
5.3　任意角的三角函数 …… 15
5.4　同角三角函数的基本关系式 …… 21
5.5　三角函数的诱导公式 …… 27
5.6　正弦函数的图象和性质 …… 37
5.7　余弦函数的图象和性质 …… 45
5.8　已知三角函数值求角 …… 53
自我检测 …… 59

第6章　数　列

6.1　数列的概念 …… 65
6.2　等差数列 …… 73
6.3　等比数列 …… 81
6.4　数列的实际应用 …… 89
自我检测 …… 99

第7章 平面向量

7.1 平面向量的概念 …… 105
7.2 平面向量的线性运算 …… 113
7.3 平面向量的内积 …… 123
7.4 平面向量的坐标表示 …… 129
自我检测 …… 137

第8章 直线与圆的方程

8.1 两点间距离公式及中点公式 …… 143
8.2 直线的倾斜角和斜率 …… 149
8.3 直线的点斜式和斜截式方程 …… 157
8.4 直线的一般式方程 …… 165
8.5 两条直线的交点 …… 173
8.6 两条直线平行的条件 …… 179
8.7 两条直线垂直的条件 …… 187
8.8 点到直线的距离公式 …… 195
8.9 圆的方程 …… 201
8.10 直线与圆的位置关系 …… 209
8.11 直线与圆的方程的应用 …… 215
自我检测 …… 223

第5章　三角函数

5.1　角的概念推广

【学习目标】

1. 理解任意角的概念，学会在平面内建立适当的坐标系来讨论任意角.

2. 能在 $0^\circ \sim 360^\circ$ 范围内找出一个与已知角终边相同的角，并判定其所属象限.

3. 能写出与任一已知角终边相同的角的集合.

【重点难点】

重点：任意角的概念和象限角的概念.

难点：把终边相同的角用集合和符号语言表示.

【微课导学】

扫下面的二维码，学习微课"正角、负角、零角，象限角、非象限角的概念""终边相同的角的表示方法".

【自主学习】

1. 在初中,角的概念:____. 角的范围:__________.

2. 在数学上,规定:____________叫作正角;__________________叫作负角;________________叫作零角.

3. 为了方便,经常在平面直角坐标系中研究角. 让角的顶点与________重合,角的始边与______________重合,规定:角的终边在第几象限,就称这个角是____________. 角的终边在坐标轴上时,这个角不属于任何象限,称为____________角.

4. 一般地,所有与角 α 终边相同的角(连同角 α 在内),可表示为 $\beta=$______________,也可表示成一个集合:__________________. 即任一与角 α 终边相同的角,都可以表示成角 α 与__________和的形式.

5. 如图 5-1 所示,始边为 Ox,终边分别为 OA,OB,OC,Oy 的角依次是_______角、_______角、_______角、_______角.

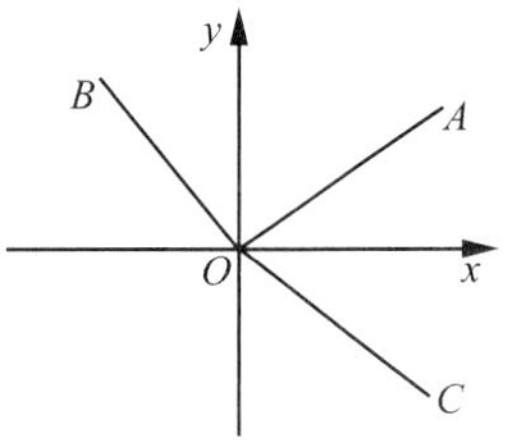

图 5-1

6. 锐角是第______象限角,钝角是第______象限角.

7. 时钟的时针 1 h 内转了_____°,分针 1 h 内转了_____°.

8. 在直角坐标系中作出下列各角:

(1) 60°; (2) 150°; (3) −30°; (4) −120°.

【探究任务】

任务一

阅读以下材料，回答问题.

材料 1　在 2023 年世界泳联跳水世界杯总决赛女子双人 10 m 台决赛中，中国组合陈芋汐和全红婵以无比的实力和默契，在德国柏林赛场上傲然夺冠. 第三跳，两位选手选用 107B 动作，向前翻腾 3 周半屈体.

问题　如何度量向前翻腾 3 周半屈体的角度?

材料 2　如图 5-2 所示的时钟，比准确时钟慢了 2 h，需要校准.

问题 1　时钟校准后，分针相对于起始位置转过了多少度?

问题 2　类比正数、负数表示相反意义的量，试着规定正角、负角和零角.

图 5-2

任务二

小组合作,回答问题.

问题1　$60°$,$-300°$,$420°$分别是第几象限角?它们的终边位置有何关系?

问题2　写出与$60°$终边相同的角β的表达式.

问题3　写出与任意角α终边相同的角β的表达式及角β组成的集合.

【典例解析】

例1　写出与$-960°$角终边相同的所有角组成的集合,并在$0°\sim360°$范围内找出与其终边相同的角.

解　与$-960°$角终边相同的所有角组成的集合为

$$\{\beta|\beta=-960°+k\cdot360°,k\in\mathbf{Z}\}.$$

当$k=3$时,

$$\beta=-960°+3\times360°=120°,$$

故在$0°\sim360°$范围内,与$-960°$角终边相同的角是$120°$角.

备注　掌握终边相同角的表示是解本题的关键.

例2　已知α是第二象限角,则$180°-\alpha$是第几象限角?

解　由α是第二象限角,可得

$$90°+k\cdot360°<\alpha<180°+k\cdot360°,k\in\mathbf{Z}.$$

则有　$180°-(180°+k\cdot360°)<180°-\alpha<180°-(90°+k\cdot360°),k\in\mathbf{Z}.$

即　$-k\cdot360°<180°-\alpha<90°-k\cdot360°,k\in\mathbf{Z}.$

所以$180°-\alpha$是第一象限角.

备注　用不等式表示出第二象限角,然后进行运算,得出结果.

【课后练习】

1. 下列各角中与 $30°$ 终边相同的角是　　(　　)

A. $-30°$　　B. $330°$　　C. $390°$　　D. $-390°$

2. 与 $120°$ 终边相同的角是　　(　　)

A. $-120°+k\cdot 360°,k\in\mathbf{Z}$　　B. $120°+k\cdot 360°,k\in\mathbf{Z}$

C. $-120°+k\cdot 180°,k\in\mathbf{Z}$　　D. $120°+k\cdot 180°,k\in\mathbf{Z}$

3. 若 $\alpha=-200°$，则角 α 是　　(　　)

A. 第一象限角　　B. 第二象限角

C. 第三象限角　　D. 第四象限角

4. $-500°$ 是第______象限角，与 $358°$ 终边相同的角 $\beta=$____________.

5. 与 $860°$ 终边相同的最小正角是________，与 $-860°$ 终边相同的最小正角是________.

6. 已知 α 与 $220°$ 角的终边相同，判断 $\frac{\alpha}{2}$ 是第几象限角.

7. 分别写出满足下面条件的角的集合：

(1) 终边在 y 轴负半轴上；

(2) 终边在坐标轴上.

8. 已知 α 是第三象限角,试分别确定 $-\alpha$,$180°+\alpha$,$270°+\alpha$ 是第几象限角.

【数学文化】

角的概念来自美索不达米亚的巴比伦文明.众所周知,两河流域诞生了人类诸多文化遗产,角就是其中之一.巴比伦人擅长天文学,他们制定角度的灵感就来自长期的天文观测.巴比伦人发现:春秋分日,太阳划过半个周天的轨迹恰好等于 180 个太阳直径,受此启发,他们定义圆周为 360°,平角为 180°.角度的符号小圈最早就代表太阳.

历史上首次把圆角划分为 360°,大约是在公元前 1 800 年,当时巴比伦人发明了独特的 60 进制的计数系统.巴比伦人把圆角划分为 360°,1°分为 60′,1′分为 60″,这种方法亘古未变,奠定了几何学的基础.

【拓展应用】

已知相互啮合的两个齿轮(图 5-3),大轮有 60 齿,小轮有 31 齿,当大轮顺时针转动一周时,小轮转动了多少度?

图 5-3

5.2 弧度制

【学习目标】

1. 理解弧度制的意义,能正确地进行弧度与角度的换算,熟记特殊角的弧度数.

2. 了解角的集合与实数集 **R** 之间可以建立一一对应的关系.

3. 掌握弧度制下的弧长及扇形面积的计算公式,会利用弧度制解决一些简单的实际问题.

【重点难点】

重点:弧度与角度的换算,弧度制下的弧长及扇形面积的计算公式.

难点:角的集合与实数集 **R** 之间的一一对应关系,利用弧度制解决一些简单的实际问题.

【微课导学】

扫下面的二维码,学习微课“弧度制的概念”“角度制与弧度制的换算与例题”“弧长公式和扇形面积公式”.

【自主学习】

1. 角度制.

(1) 规定周角的$\frac{1}{360}$为__________度的角;

(2) 用度作为角的单位来度量角的制度叫作__________.

2. 弧度制.

(1) 弧长与半径__________的弧所对应的圆心角的大小为弧度制量角的单位,称为 1 弧度,记作 1 rad;

(2) 用弧度作为角的单位来度量角的制度称为____________;

(3) 角的弧度数与实数是____________的;

(4) 正角的弧度数对应正实数,负角的弧度数对应负实数,零角的弧度数对应 0,反之,也成立.

3. 角度与弧度的转换.

(1) $180^\circ=$________rad,$1^\circ=$________rad,1 rad=________°;

(2) $\frac{3\pi}{5}=$_______,$-\frac{3\pi}{4}=$_______,$67^\circ30'=$_______,$-270^\circ=$_______.

4. 弧度制中常用的公式.

(1) 扇形的弧长:________________;

(2) 扇形的面积:________________;

(3) 扇形的周长:________________.

5. 若 $\alpha=\frac{9\pi}{4}$,则 α 的终边在第________象限.

6. 用弧度制表示终边落在 y 轴上的角的集合为__________________.

7. 已知扇形的周长为 10 cm,面积为 6 cm^2,则扇形圆心角的弧度数为____________.

8. 已知公路上一段圆弧形弯道所在圆的半径为 60 cm,转过的圆心角是 150°,求该弯道的长度.(不考虑其他因素)

【探究任务】

任务一

根据对应关系填写下表.（r 为圆的半径）

圆弧占圆周的比例	$\frac{1}{12}$	$\frac{1}{8}$	$\frac{1}{6}$	$\frac{1}{4}$	$\frac{1}{2}$	$\frac{3}{4}$	1	$\frac{1}{n}$	$\frac{1}{2\pi}$	$\frac{1}{360}$
圆弧所对的圆心角	30°						360°			
圆弧长 l	$\frac{\pi r}{6}$	$\frac{\pi r}{4}$					$2\pi r$			
圆弧长与半径之比 $\frac{l}{r}$	$\frac{\pi}{6}$				π			$\frac{2\pi r}{n}$		

问题 1　当半径不相等时，同样的圆心角所对的弧长是否相等？

问题 2　当半径不相等时，同样的圆心角所对的弧长与半径之比 $\frac{l}{r}$ 是否相等？

任务二

在弧度制下，弧长公式和扇形面积公式如何表示？

如图 5-4 所示，根据弧度的定义，在半径为 r 的圆中，长度为 l 的弧所对的圆心角为 α，则 α 的弧度数为 $\frac{l}{r}$. α 有正有负，所以扇形弧长公式为________________，扇形面积公式为________________.

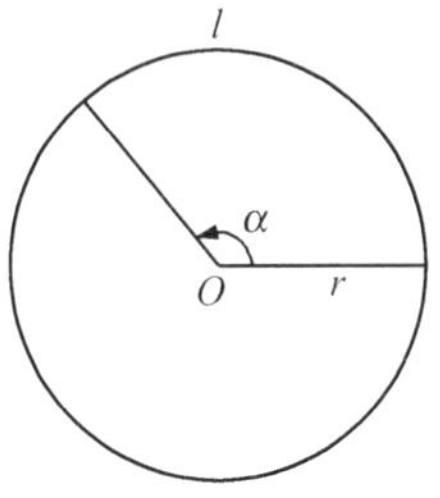

图 5-4

【典例解析】

例 1 在 $0\sim2\pi$ 之间,找出与下列角的终边相同的角,并用弧度表示出来.

(1) $\frac{29\pi}{6}$; (2) -300°; (3) $-\frac{31\pi}{6}$.

解 (1) $\frac{29\pi}{6}=4\pi+\frac{5\pi}{6}$,所以所求的角为$\frac{5\pi}{6}$;

(2) $-300^\circ=-360^\circ+60^\circ=-2\pi+\frac{\pi}{3}$,所以所求的角为$\frac{\pi}{3}$;

(3) $-\frac{31\pi}{6}=-6\pi+\frac{5\pi}{6}$,所以所求的角为$\frac{5\pi}{6}$.

备注 掌握角度与弧度的互化是解本题的关键.

例 2 已知扇形的周长为定值 4,求扇形面积的最大值及此时扇形所对的圆心角.

解 设扇形的半径为 r,则弧长为 $l=4-2r$,则

$$S=\frac{1}{2}lr=\frac{1}{2}(4-2r)r=-r^2+2r,$$

故当 $r=1$ 时,S 取最大值,此时圆心角 $\alpha=\frac{l}{r}=2$.

备注 把扇形面积转化成关于半径 r 的二次函数,通过配方可以求出最值问题.

【课后练习】

1. $\frac{\pi}{2}$ rad= ( )

A. 30° B. 90° C. 180° D. 360°

2. 已知 r 为圆的半径,弧长为$\frac{2}{3}r$ 的圆弧所对的圆心角为 ( )

A. 120° B. $\frac{120^\circ}{\pi}$ C. 240° D. $\frac{240^\circ}{\pi}$

3. 将分针拨慢 10 min,则分针转过的弧度为__________.

4. 已知扇形的半径为 6 cm，圆心角为$\frac{\pi}{2}$，则该扇形的弧长为______ cm，面积为________ cm^2.

5. 已知扇形的半径为 10 cm，圆心角为$\frac{\pi}{3}$，求：

(1) 扇形的弧长；

(2) 扇形的面积.

6. 已知半径为 240 mm 的圆上有一段弧的弧长为 500 mm，求此弧长所对的圆心角的弧度数.

7. 蒸汽机飞轮的直径为 1.2 m,以 300 r/min(转/分)的速度做顺时针旋转,求:

(1) 飞轮 1 s 内转过的弧度数;

(2) 轮周上一点 1 s 内所经过的路程.

8. 已知扇形的周长为 40,当它的半径和圆心角取何值时,才能使扇形的面积最大?最大面积是多少?

【数学文化】

图 5-5

你知道弧度制的由来吗?

已知角 α 的顶点为圆心,以任意值 $r(>0)$ 为半径作圆弧,则角 α 所对的弧长 l 与 r 之比是一个定值(与 r 的取值无关).我们称 $l=r$ 时的正角 α 为 1 弧度的角.以 1 弧度的角为度量角大小的单位,称此度量制为弧度制,它是度量角的另一种度量制.

弧度制的基本思想是使圆的半径与圆的周长有同一度量单位,然后用对应的弧长与圆的半径之比来度量角度.严格的弧度概念是由瑞士数学家欧拉(图 5-5)于 1748 年引入的.欧拉先定半径为 1 个单位,那么半圆的弧长为 π,此时的正弦值为 0,记为 $\sin\pi=0$.同理,$\frac{1}{4}$圆周的弧长为$\frac{\pi}{2}$,此时的正弦值为 1,记为 $\sin\frac{\pi}{2}=1$.从而确立了用 π,$\frac{\pi}{2}$分别表示半圆及$\frac{1}{4}$圆周所对的圆心角.其他的角可依此类推.

弧度制的精髓就在于把角与弧长的度量统一起来,从而大大简化了有关公式及运算.

【拓展应用】

图 5-6

你知道"天津之眼"摩天轮(图 5-6)吗?它位于天津市河北区李公祠大街与五马路交口的永乐桥上,跨海河连接河北区与红桥区,是一座跨河建设、桥轮合一的摩天轮,兼具观光和交通功能,是天津地标之一.

已知"天津之眼"摩天轮直径为 110 m,旋转一周所需时间为 28 min,请问经过 1 h,摩天轮转过的圆心角是多少?转过的路程是多少?

5.3　任意角的三角函数

【学习目标】

1. 理解任意角的正弦、余弦、正切函数的定义，会用角 α 终边上任意一点的坐标表示 α 的正弦、余弦、正切值.

2. 掌握正弦、余弦、正切函数的定义域和三角函数值在各象限内的符号.

【重点难点】

重点：任意角的正弦、余弦、正切函数的定义.

难点：用角 α 终边上任意一点的坐标表示 α 的正弦、余弦、正切值.

【微课导学】

扫下面的二维码，学习微课“任意角的三角函数定义与定义域”“三角函数值在各象限内的符号”.

【自主学习】

1. 一般地，当角 α 是任意角时，设 $P(x,y)$ 为 α 终边上任意一点，$r=\sqrt{x^2+y^2}$，则 $\sin\alpha=$__________，$\cos\alpha=$__________，$\tan\alpha=$__________.

2. 正弦函数的定义域是__________，余弦函数的定义域是__________，正切函数的定义域是__________.

3. 正弦函数的值在第________象限为正，在第________象限为负；余弦函数的值在第________象限为正,在第________象限为负;正切函数的值在第________象限为正,在第________象限为负.

4. 不用计算器,求下列三角函数的值.

α	0	$\frac{\pi}{6}$	$\frac{\pi}{4}$	$\frac{\pi}{3}$	$\frac{\pi}{2}$	π	$\frac{3\pi}{2}$	2π
$\sin\alpha$								
$\cos\alpha$								
$\tan\alpha$								

5. 确定下列三角函数值的符号:

(1) $\cos 250°$;　　(2) $\sin\left(-\frac{\pi}{4}\right)$;　　(3) $\tan(-672°)$.

6. 若 $\cos\alpha>0$,则角 α 可能是第________象限角.

7. 若 $\sin\alpha>0$,且 $\cos\alpha>0$,则 α 是 (　　)

A. 第一象限角　　B. 第二象限角

C. 第三象限角　　D. 第四象限角

8. 已知角 α 的终边经过点 $P(1,-2)$,求 $\sin\alpha,\cos\alpha,\tan\alpha$.

【探究任务】

任务一

如图 5-7 所示,在直角坐标系中,在角 α 的终边上任意取不同于原点 O 的点 $P(x,y)$ 和 $P'(x',y')$. 设点 P,P' 到原点 O 的距离分别为 r,r',回答下列问题:

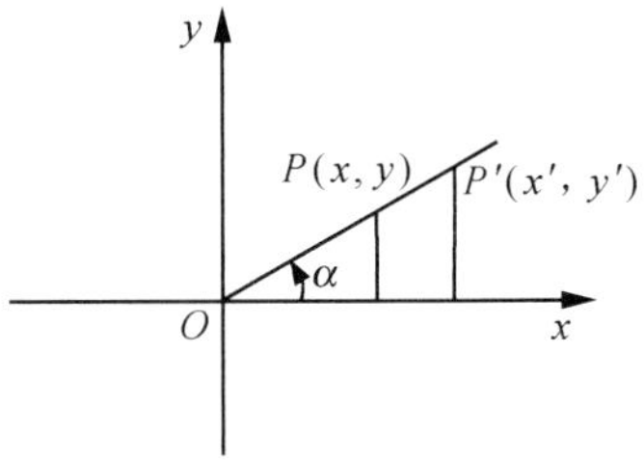

图 5-7

问题 1　$\frac{y}{r}=\frac{y'}{r'}$，$\frac{x}{r}=\frac{x'}{r'}$，$\frac{y}{x}=\frac{y'}{x'}$，这三个等式成立吗？

问题 2　当角 α 不变时，三个比值 $\frac{y}{r}$，$\frac{x}{r}$，$\frac{y}{x}$ 与点 P 在角 α 终边上的位置有关吗？

任务二

对于任意角 α，设点 $P(x,y)$ 是角 α 终边上异于原点 O 的任意一点，点 P 到原点 O 的距离为 r，$\frac{y}{r}$，$\frac{x}{r}$，$\frac{y}{x}$ 始终有意义吗？

任务三

若 $P(x,y)$ 为角 α 终边上异于原点 O 的任意一点，请根据任意角的三角函数的定义，将角 α 的正弦、余弦、正切函数的值在各象限内的符号填入图 5-8 中.

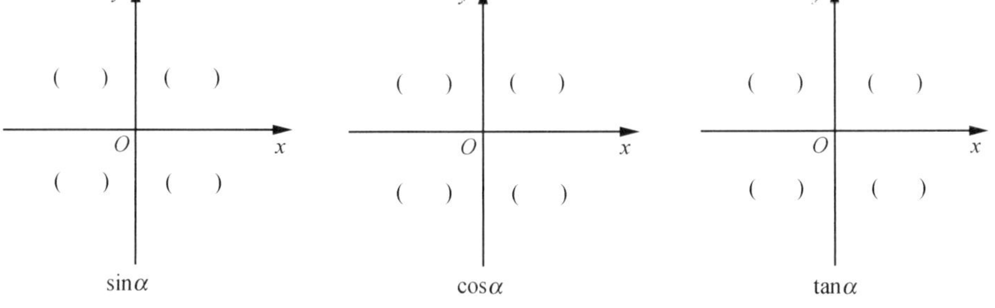

图 5-8

【典例解析】

例 1 已知角 α 是第三象限角,并且终边在直线 $y=2x$ 上,求 $\sin\alpha$, $\cos\alpha$, $\tan\alpha$.

解 因为角 α 是第三象限角,并且终边在直线 $y=2x$ 上,故可在角 α 的终边上取一点 $P(-1,-2)$,则 $r=\sqrt{(-1)^2+(-2)^2}=\sqrt{5}$.

所以

$$\sin\alpha=\frac{y}{r}=\frac{-2}{\sqrt{5}}=-\frac{2\sqrt{5}}{5},$$

$$\cos\alpha=\frac{x}{r}=\frac{-1}{\sqrt{5}}=-\frac{\sqrt{5}}{5},$$

$$\tan\alpha=\frac{y}{x}=\frac{-2}{-1}=2.$$

备注 根据已知条件,在角的终边上取一点,即可求出该角的三角函数值.

例 2 已知角 α 是第二象限角,$P(x,\sqrt{5})$ 为其终边上的一点,且 $\cos\alpha=\frac{\sqrt{2}}{4}x$,求 $\sin\alpha$.

解 根据题意,得 $\cos\alpha=\frac{x}{\sqrt{x^2+5}}=\frac{\sqrt{2}}{4}x$,解得 $x=\pm\sqrt{3}$.

又因为 α 是第二象限角,所以 $x<0$,得 $x=-\sqrt{3}$. 故 $\sin\alpha=\frac{\sqrt{5}}{\sqrt{x^2+5}}=\frac{\sqrt{10}}{4}$.

备注 掌握任意角的三角函数的定义是解本题的关键.

【课后练习】

1. 若角 α 的终边经过点 $P(1,\sqrt{3})$,则 $\cos\alpha=$ ( )

A. $\frac{\sqrt{3}}{2}$　　B. $\frac{1}{2}$　　C. $-\frac{\sqrt{3}}{2}$　　D. $-\frac{1}{2}$

2. 若 $\sin\alpha<0$，且 $\cos\alpha>0$，则 α 是 (　　)

A. 第一象限角　　B. 第二象限角

C. 第三象限角　　D. 第四象限角

3. 若三角形的两内角 α，β 满足 $\sin\alpha\cos\beta<0$，则此三角形必为 (　　)

A. 锐角三角形　　B. 钝角三角形

C. 直角三角形　　D. 等腰三角形

4. 求值：$\sin150°=$__________，$\cos(-60°)=$__________.

5. 若 $\sin\alpha>0$，则角 α 可能是____________.

6. 已知角 α 的终边过下列点，求 $\sin\alpha$，$\cos\alpha$，$\tan\alpha$.

(1) $P_1(3,4)$；　　(2) $P_2(-5,-12)$.

7. 已知 $\sin\alpha=\frac{12}{13}$，且 α 是第二象限角，求 $\cos\alpha$，$\tan\alpha$.

8. 根据下列条件，确定 α 是第几象限角：

(1) $\sin\alpha>0$ 且 $\cos\alpha<0$；　　(2) $\sin\alpha<0$ 且 $\tan\alpha>0$.

【数学文化】

三角学的起源、发展与天文学密不可分，它是根据天文观察结果推算的一种方法. 1450 年以前的三角学主要是球面三角，这不但是航海、历法推算及天文观测等人类实践活动的需要,而且也因宇宙的奥秘对人类的巨大吸引力,这种“量天的学问”确实太诱人了. 后来,由于间接测量、测绘工作的需要而出现了平面三角.

在欧洲,最早将三角学从天文学中独立出来的数学家是德国数学家雷格蒙塔努斯. 他在1464年完成的5卷本的著作《论各种三角形》是欧洲第一部独立于天文学的三角学著作,这部著作首次对三角学做出了完整、独立的阐述. 前2卷论述平面三角学,后3卷讨论球面三角学. 前2卷中,他采用印度人的正弦,即弧的半弦,明确使用了正弦函数,讨论了一般三角形的正弦定理,提出了求三角形边长的代数解法;后3卷中,他给出了球面三角的正弦定理和关于边的余弦定理. 他的工作为三角学在平面与球面几何中的应用奠定了牢固基础,对16世纪的数学家产生了极大的影响,也对哥白尼等一批天文学家产生了很大的影响.

由于雷格蒙塔努斯仅仅采用正弦函数和余弦函数,而且函数值也限定在正数范围内,因而不能推出应有的三角公式,导致计算困难. 后来,哥白尼的学生雷提库斯将传统的弧与弦的关系改进为角的三角函数关系,把三角函数定义为直角三角形的边长之比,从而使平面三角学从球面三角学中独立出来. 他还采用了六个函数(正弦、余弦、正切、余切、正割、余割),制定了更为精确的正弦、正切、正割表. 这些工作都极大地推进了三角学的发展. 实际上,由于天文学研究的需要,制定更加精确的三角函数表一直是数学家们奋斗的目标,这不仅大大推动了三角学的发展,而且在某种程度上还导致了对数的发明.

【拓展应用】

设角α是第二象限角,且$\left|\cos\frac{\alpha}{2}\right|=-\cos\frac{\alpha}{2}$,问角$\frac{\alpha}{2}$是第几象限角?

5.4　同角三角函数的基本关系式

【学习目标】

1. 理解同角三角函数的两个基本关系式：$\sin^2\alpha+\cos^2\alpha=1$，$\dfrac{\sin\alpha}{\cos\alpha}=\tan\alpha$.

2. 已知角 α 的一个三角函数值，会运用公式求出角 α 的其余三角函数值，并会运用它们进行简单的三角函数值化简.

【重点难点】

重点：两个基本关系式的探究发现及其初步应用.

难点：正确运用平方关系及三角函数值在各个象限内的符号，解决求三角函数值问题.

【微课导学】

扫下面的二维码，学习微课"同角三角函数的基本关系""同角三角函数基本关系的典型应用".

【自主学习】

1. 若 $\sin\alpha\cdot\cos\alpha<0$，则 α 是第____________象限角.

2. 若 $-\dfrac{\pi}{2}<x<0$，则 $\dfrac{\sin x}{|\sin x|}+\dfrac{|\cos x|}{\cos x}+\dfrac{\tan x}{|\tan x|}$ 的值等于__________.

3. 填空：

(1) $\sin30^\circ=$__________，$\cos30^\circ=$__________，$\sin^2 30^\circ+\cos^2 30^\circ=$

________, $\tan30^\circ=$ ________, $\dfrac{\sin30^\circ}{\cos30^\circ}=$ ________.

(2) $\sin45^\circ=$ ________, $\cos45^\circ=$ ________, $\sin^2 45^\circ+\cos^2 45^\circ=$ ________, $\tan45^\circ=$ ________, $\dfrac{\sin45^\circ}{\cos45^\circ}=$ ________.

(3) $\sin^2 60^\circ+\cos^2 60^\circ=$ ________, $\sin^2 90^\circ+\cos^2 90^\circ=$ ________, $\sin^2 120^\circ+\cos^2 120^\circ=$ ________, $\sin^2 135^\circ+\cos^2 135^\circ=$ ________.

4. 已知 $\cos\alpha=\dfrac{4}{5}$,且 $\tan\alpha<0$,则 $\sin\alpha=$ ________.

5. $\sqrt{1-\sin^2 75}=$ ________.

【探究任务】

任务一

阅读材料,解决问题.

材料 2022 年北京冬奥会,中国队选手谷爱凌获得自由式滑雪女子大跳台与 U 型场地技巧两枚金牌,以及坡面障碍技巧银牌,成为首位在一届冬奥会上拿到三枚奖牌的自由式滑雪运动员,是冬奥军团中最闪耀的明星.

问题 假设首钢滑雪大跳台"雪飞天"某一段坡的坡角为 α,如果 $\tan\alpha=0.8$,谷爱凌沿着该段斜坡滑下 10 m,那么她下降了多少米?

任务二

从【自主学习】第 3 题的计算中,你发现了什么规律?

任务三

试通过解决下列问题探究同角三角函数的基本关系.

如图 5-9 所示,在平面直角坐标系中,角 α 的终边与单位圆 O 交于点 $P(x,y)$.

(1) 用角 α 的三角函数值表示 $|MP|$ 和 $|OM|$.

(2) $\tan\alpha$ 是否能用 $|MP|$ 和 $|OM|$ 表示出来?你能得到角 α 的三个三角函数值有何种关系?这种关系任何时候都能成立吗?

(3) 在 $\mathrm{Rt}\triangle OMP$ 中,$|MP|$、$|OM|$ 和 $|OP|$($=1$)有什么关系?你能得到角 α 的正弦值和余弦值之间有什么关系?这种关系任何时候都能成立吗?

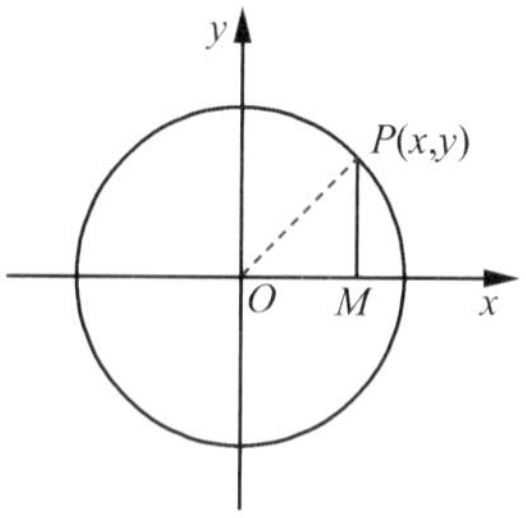

图 5-9

【典例解析】

例 1　已知 α 是第二象限角,且 $\sin\alpha=\dfrac{12}{13}$,求 $\cos\alpha$,$\tan\alpha$.

解　因为 $\sin^2\alpha+\cos^2\alpha=1$,所以 $\cos^2\alpha=1-\sin^2\alpha=1-\left(\dfrac{12}{13}\right)^2=\left(\dfrac{5}{13}\right)^2$.

又因为 α 是第二象限角,所以 $\cos\alpha<0$,从而 $\cos\alpha=-\dfrac{5}{13}$. 所以

$$\tan\alpha=\frac{\sin\alpha}{\cos\alpha}=-\frac{12}{5}.$$

备注　先利用平方关系求出 $\cos\alpha$(考虑第几象限角),再利用商数关系求出 $\tan\alpha$.

例 2　已知 α 是第二象限角,且 $\tan\alpha=-\dfrac{8}{15}$,求 $\sin\alpha$.

解 由$\begin{cases}\sin^2\alpha+\cos^2\alpha=1,\\ \tan\alpha=\dfrac{\sin\alpha}{\cos\alpha}=-\dfrac{8}{15},\end{cases}$解得 $\sin\alpha=\pm\dfrac{8}{17}$.

因为 α 为第二象限角,所以 $\sin\alpha>0$,故 $\sin\alpha=\dfrac{8}{17}$.

备注 利用平方关系和商数关系列方程组并求解.

例 3 已知 $\tan\alpha=3$,求下列各式的值:

(1) $\dfrac{\sin\alpha+\cos\alpha}{\sin\alpha-2\cos\alpha}$; (2) $\sin\alpha\cdot\cos\alpha$.

解 (1) 原式$=\dfrac{\dfrac{\sin\alpha+\cos\alpha}{\cos\alpha}}{\dfrac{\sin\alpha-2\cos\alpha}{\cos\alpha}}=\dfrac{\tan\alpha+1}{\tan\alpha-2}=\dfrac{3+1}{3-2}=4$;

(2) 原式$=\dfrac{\sin\alpha\cdot\cos\alpha}{\sin^2\alpha+\cos^2\alpha}=\dfrac{\tan\alpha}{\tan^2\alpha+1}=\dfrac{3}{9+1}=\dfrac{3}{10}$.

备注 把所求各式进行恒等变形,利用已知三角函数值进行求解,注意平方关系中"1"的代换.

例 4 化简:$\sin\alpha\cos\alpha\left(\dfrac{1}{\tan\alpha}+\tan\alpha\right)$.

解 $\sin\alpha\cos\alpha\left(\dfrac{1}{\tan\alpha}+\tan\alpha\right)=\sin\alpha\cos\alpha\left(\dfrac{\cos\alpha}{\sin\alpha}+\dfrac{\sin\alpha}{\cos\alpha}\right)$

$$=\sin\alpha\cos\alpha\cdot\frac{\cos^2\alpha+\sin^2\alpha}{\sin\alpha\cos\alpha}=1.$$

备注 利用商数关系(切化弦)化简.

例 5 已知 $0<x<\pi$,$\sin x+\cos x=\dfrac{1}{5}$.

(1) 求 $\sin x-\cos x$ 的值;

(2) 求 $\tan x$ 的值.

解 (1) 已知 $\sin x+\cos x=\dfrac{1}{5}$,两边平方,可得 $1+2\sin x\cos x=\dfrac{1}{25}$,从而 $2\sin x\cos x=-\dfrac{24}{25}$. 因为 $0<x<\pi$,所以 $\sin x>0$.

由 $2\sin x\cos x=-\dfrac{24}{25}<0$,得 $\cos x<0$,所以 $\sin x-\cos x>0$,故 $\sin x-\cos x=$

$\sqrt{1-2\sin x\cos x}=\frac{7}{5}$.

(2) 因为$\frac{\sin x+\cos x}{\sin x-\cos x}=\frac{1}{7}$,所以$\frac{\tan x+1}{\tan x-1}=\frac{1}{7}$,可解得 $\tan x=-\frac{4}{3}$.

备注　$(\sin x\pm\cos x)^2=1\pm2\sin x\cos x$.

【课后练习】

1. 已知 $\sin\alpha=\frac{3}{5}$,且 α 是第一象限角,则 $\cos\alpha=$　(　　)

A. $\frac{4}{5}$　　B. $-\frac{4}{5}$　　C. $\frac{3}{4}$　　D. $-\frac{3}{4}$

2. $(1-\cos\alpha)(1+\cos\alpha)$化简的结果为　(　　)

A. $\sin\alpha$　　B. $\cos\alpha$　　C. $\sin^2\alpha$　　D. $\cos^2\alpha$

3. 已知$\frac{\sin\alpha-2\cos\alpha}{3\sin\alpha+5\cos\alpha}=-5$,则 $\tan\alpha=$　(　　)

A. -2　　B. 2　　C. $\frac{23}{16}$　　D. $-\frac{23}{16}$

4. 化简 $\sqrt{1-\sin^2 100^\circ}=$__________.

5. 若 $\sin\alpha=\frac{1}{4}$,且 $\tan\alpha>0$,则 $\cos\alpha=$__________,$\tan\alpha=$__________.

6. 化简下列各式:

(1) $\cos\alpha\tan\alpha$;　　(2) $\frac{\sin\alpha-\cos\alpha}{\tan\alpha-1}$.

7. 已知 $\sin\alpha-\cos\alpha=\frac{1}{2}$,求:

(1) $\sin\alpha\cos\alpha$ 的值;　　(2) $(\sin\alpha+\cos\alpha)^2$的值.

8. 求证：

(1) $\sin^4\alpha-\cos^4\alpha=\sin^2\alpha-\cos^2\alpha$；　　(2) $\tan^2\alpha\sin^2\alpha=\tan^2\alpha-\sin^2\alpha$.

【信息手段】

借助几何画板在直角坐标系中作出任意角 α 的三角函数线(正弦线、余弦线、正切线). 第一象限角 α 的正弦线 MP、余弦线 OM 如图 5-10 所示. 随着角的变化,你能否找到 α 在第一象限内正弦线、余弦线及其变化? 请作出角 α 在四个不同象限的三角函数线,并找到其中蕴含的同角三角函数的关系.

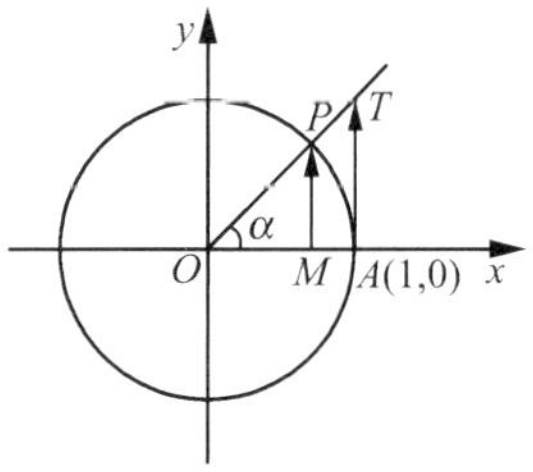

图 5-10

【数学文化】

法国数学家韦达所做的平面三角与球面三角系统化工作,使得三角学得到进一步发展. 他总结了前人的三角学研究成果,将解平面直角三角形和斜三角形的公式汇集在一起,还补充了自己发现的新公式,如正切公式、和差化积公式等. 他将解斜三角形的问题转化为解直角三角形的问题. 对球面直角三角形,他给出了计算的方法和一套完整的公式及其记忆法则,并将这套公式表示成了代数形式,这是非常重要的工作.

16 世纪,三角学从天文学中分离出来,成为数学的一个独立分支. 后来,在微积分、物理学的研究和应用(如对振动、声音传播等的研究)中,三角学又找到了新的用武之地.

5.5　三角函数的诱导公式

【学习目标】

1. 能运用诱导公式将任意角的三角函数化为$\left[0,\frac{\pi}{2}\right]$内的角的三角函数.

2. 能对某些三角函数式进行求值、化简及简单的证明.

【重点难点】

重点：运用诱导公式解决简单的求值、化简、证明等问题.

难点：诱导公式的推导过程.

【微课导学】

扫下面的二维码，学习微课“三角函数的诱导公式”“三角函数诱导公式的典型应用”.

【自主学习】

1. 诱导公式 1：$\sin(\alpha+2k\pi)=$________，

$\cos(\alpha+2k\pi)=$________，

$\tan(\alpha+2k\pi)=$________ $(k\in\mathbf{Z})$.

诱导公式 2：$\sin(-\alpha)=$________，

$\cos(-\alpha)=$________，

$\tan(-\alpha)=$________.

诱导公式 3：$\sin(\pi-\alpha)=$________，

$\cos(\pi-\alpha)=$________，

$\tan(\pi-\alpha)=$________.

诱导公式 4：$\sin(\pi+\alpha)=$________，

$\cos(\pi+\alpha)=$________，

$\tan(\pi+\alpha)=$________.

2. 求下列三角函数的值.

(1) $\sin 780°$； (2) $\cos\frac{9\pi}{4}$； (3) $\tan 750°$；

(4) $\sin(-60°)$； (5) $\cos\left(-\frac{\pi}{4}\right)$； (6) $\tan(-30°)$；

(7) $\sin\frac{5\pi}{4}$； (8) $\cos 240°$； (9) $\tan 210°$；

(10) $\sin\frac{2\pi}{3}$； (11) $\cos\frac{5\pi}{6}$； (12) $\tan 135°$.

【探究任务】

任务一

如图 5-11 所示，$\frac{\pi}{6}$角分别与$\frac{13\pi}{6}$、$-\frac{\pi}{6}$、$\frac{7\pi}{6}$、$\frac{5\pi}{6}$角的正弦、余弦和正切之间有什么关系？

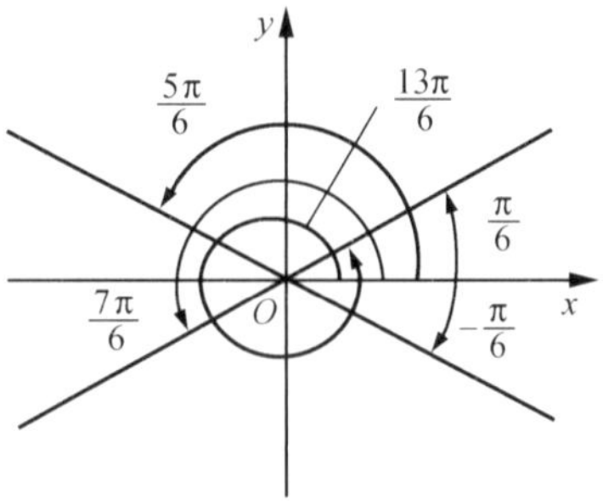

图 5-11

任务二

1. 由三角函数的定义，判断角 $2k\pi+\alpha(k\in\mathbf{Z})$与角 α 的三角函数值之间的关系(图 5-12).

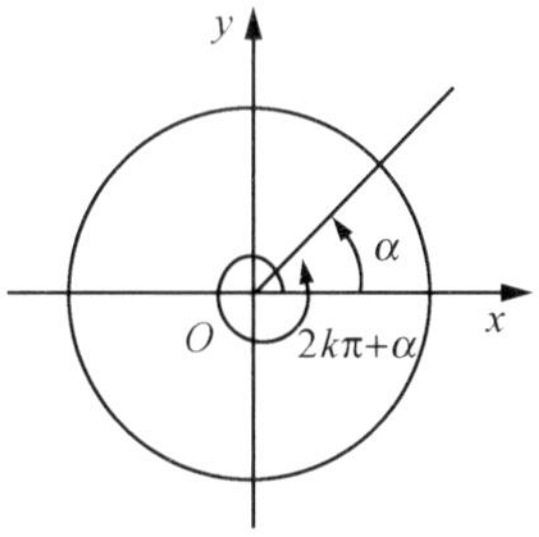

图 5-12

2. 如图 5-13 所示，借助单位圆的对称性，判断角$-\alpha$与角 α 的三角函数值之间的关系.

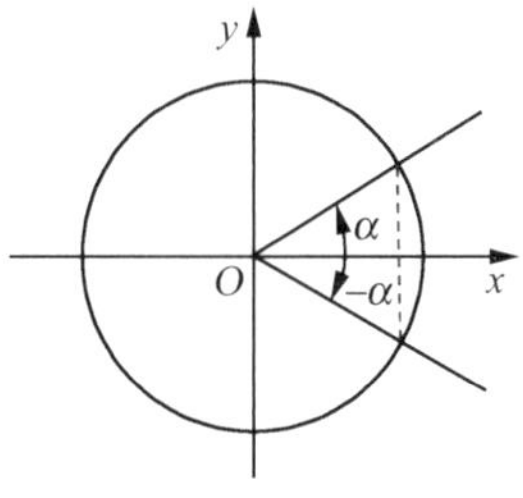

图 5-13

3. 如图 5-14 所示,判断角 $\pi+\alpha$ 与角 α 的三角函数值之间的关系.

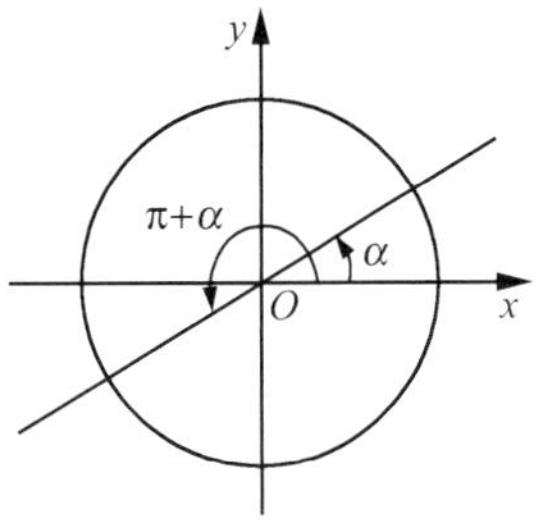

图 5-14

4. 如图 5-15 所示,判断角 $\pi-\alpha$ 与角 α 的三角函数值之间的关系.

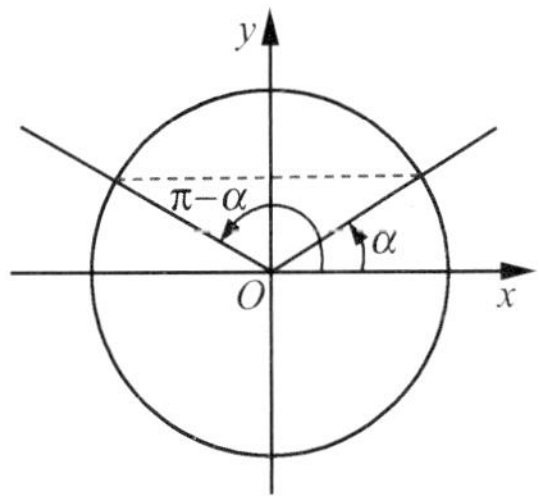

图 5-15

【典例解析】

例 1 求下列三角函数的值.

(1) $\sin\left(-\dfrac{25\pi}{4}\right)$; (2) $\cos\left(-\dfrac{52\pi}{3}\right)$; (3) $\tan\dfrac{10\pi}{3}$.

解 (1) $\sin\left(-\dfrac{25\pi}{4}\right)=-\sin\dfrac{25\pi}{4}=-\sin\left(6\pi+\dfrac{\pi}{4}\right)=-\sin\dfrac{\pi}{4}=-\dfrac{\sqrt{2}}{2}$;

(2) $\cos\left(-\dfrac{52\pi}{3}\right)=\cos\dfrac{52\pi}{3}=\cos\left(16\pi+\dfrac{4\pi}{3}\right)=\cos\left(\pi+\dfrac{\pi}{3}\right)=-\cos\dfrac{\pi}{3}=-\dfrac{1}{2}$;

(3) $\tan\dfrac{10\pi}{3}=\tan\left(3\pi+\dfrac{\pi}{3}\right)=\tan\dfrac{\pi}{3}=\sqrt{3}$.

备注 借助口诀:函数名不变,符号看象限,熟练运用诱导公式,将任意角的三角函数化为$\left[0,\dfrac{\pi}{2}\right]$内的角的三角函数.

例 2　化简或求值.

(1) $\dfrac{\sin(\pi+\alpha)}{\cos(\pi-\alpha)\tan(3\pi-\alpha)}$;

(2) $1+\sin(\alpha-2\pi)\sin(\pi+\alpha)-\cos^2(-\alpha)$.

解　(1) $\dfrac{\sin(\pi+\alpha)}{\cos(\pi-\alpha)\tan(3\pi-\alpha)}=\dfrac{-\sin\alpha}{(-\cos\alpha)(-\tan\alpha)}=\dfrac{-\sin\alpha}{\cos\alpha\cdot\dfrac{\sin\alpha}{\cos\alpha}}=-1$;

(2) $1+\sin(\alpha-2\pi)\sin(\pi+\alpha)-\cos^2(-\alpha)$

$=1+\sin\alpha(-\sin\alpha)-\cos^2\alpha$

$=1-(\sin^2\alpha+\cos^2\alpha)=1-1=0$.

备注　熟练运用诱导公式是化简或求值的关键，有时需要结合同角三角函数的基本关系求解.

【课后练习】

1. 已知 $\cos\alpha=-\dfrac{3}{5}$，$\alpha\in\left(\pi,\dfrac{3\pi}{2}\right)$，则 $\sin(\pi-\alpha)=$　(　　)

A. $-\dfrac{3}{5}$　　B. $\dfrac{3}{5}$　　C. $-\dfrac{4}{5}$　　D. $\dfrac{4}{5}$

2. 若点 $P(-3,4)$ 是角 α 终边上一点，则 $\cos(\pi-\alpha)+\sin(-\alpha)$ 的值为　(　　)

A. $\dfrac{1}{5}$　　B. $-\dfrac{1}{5}$　　C. $-\dfrac{7}{5}$　　D. $\dfrac{7}{5}$

3. 下列等式正确的是　(　　)

A. $\cos\left(-\dfrac{\pi}{6}\right)=\cos\dfrac{11\pi}{6}$　　B. $\cos\dfrac{7\pi}{3}=\cos\dfrac{2\pi}{3}$

C. $\tan\left(-\dfrac{\pi}{4}\right)=\tan\dfrac{5\pi}{4}$　　D. $\sin\dfrac{7\pi}{6}=\sin\dfrac{\pi}{6}$

4. 已知 $\sin\alpha=\dfrac{5}{13}$，α 是第二象限角，则 $\cos(\pi-\alpha)=$__________，$\tan(\pi-\alpha)=$__________.

5. 求下列三角函数的值.

(1) $\sin\left(-\frac{7\pi}{3}\right)$；　　(2) $\cos\frac{13\pi}{3}$；　　(3) $\tan\frac{19\pi}{4}$；

(4) $\sin(-1200^\circ)$；　　(5) $\cos\left(-\frac{7\pi}{6}\right)$；　　(6) $\tan\left(-\frac{37\pi}{6}\right)$.

6. 化简.

(1) $\frac{-\sin(180^\circ+\alpha)+\sin(-\alpha)+\tan\alpha}{\tan(180^\circ+\alpha)+\cos(-\alpha)+\cos(180^\circ-\alpha)}$；

(2) $\frac{\sin(2\pi-\alpha)\cos(3\pi+\alpha)\tan(2\pi+\alpha)}{\cos(2\pi+\alpha)\tan(\pi+\alpha)}$.

7. 已知 $\cos(\pi+\alpha)=-\frac{12}{13}$,求 $\sin\alpha$,$\tan\alpha$.

8. 判断下列函数的奇偶性.

(1) $f(x)=3-\cos x$；　　(2) $g(x)=3x-2\sin x$.

【数学文化】

我们可能会有这样的疑问:既然可以用科学型计算器计算任意角的三角函数值,为什么还要学习诱导公式呢？实际上,如何求三角函数值曾经困扰了人们许久. 当时,为了解决这个问题,数学家们制作了锐角三角函数表(表5-1),并通过诱导公式1至诱导公式4,将任意角的三角函数转化为锐角三角函数,再查表得到所求的三角函数值. 现在虽然可以利用计算工具方便快捷地计算任意角的三角函数值,但是这些诱导公式所展现出的三角函数的性质,在解决三角函数的问题时依然有着重要的作用.

可以试着利用诱导公式和锐角三角函数表求 $\sin 165°$,并与计算器计算的结果进行比较.

表 5-1　锐角三角函数表

角	正弦	余弦	正切	角	正弦	余弦	正切
0°	0.000 0	1.000 0	0.000 0	7°	0.121 9	0.992 5	0.122 8
1°	0.017 5	0.999 8	0.017 5	8°	0.139 2	0.990 3	0.140 5
2°	0.034 9	0.999 4	0.034 9	9°	0.156 4	0.987 7	0.158 4
3°	0.052 3	0.998 6	0.052 4	10°	0.173 6	0.984 8	0.176 3
4°	0.069 8	0.997 6	0.069 9	11°	0.190 8	0.981 6	0.194 4
5°	0.087 2	0.996 2	0.087 5	12°	0.207 9	0.978 1	0.212 6
6°	0.104 5	0.994 5	0.105 1	13°	0.225 0	0.974 4	0.230 9

续表

角	正弦	余弦	正切	角	正弦	余弦	正切
14°	0.241 9	0.970 3	0.249 3	47°	0.731 4	0.682 0	1.072 4
15°	0.258 8	0.965 9	0.267 9	48°	0.743 1	0.669 1	1.110 6
16°	0.275 6	0.961 3	0.286 7	49°	0.754 7	0.656 1	1.150 4
17°	0.292 4	0.956 3	0.305 7	50°	0.766 0	0.642 8	1.191 8
18°	0.309 0	0.951 1	0.324 9	51°	0.777 1	0.629 3	1.234 9
19°	0.325 6	0.945 5	0.344 3	52°	0.788 0	0.615 7	1.279 9
20°	0.342 0	0.939 7	0.364 0	53°	0.798 6	0.601 8	1.327 0
21°	0.358 4	0.933 6	0.383 9	54°	0.809 0	0.587 8	1.376 4
22°	0.374 6	0.927 2	0.404 0	55°	0.819 2	0.573 6	1.428 1
23°	0.390 7	0.920 5	0.424 5	56°	0.829 0	0.559 2	1.482 6
24°	0.406 7	0.913 5	0.445 2	57°	0.838 7	0.544 6	1.539 9
25°	0.422 6	0.906 3	0.466 3	58°	0.848 0	0.529 9	1.600 3
26°	0.438 4	0.898 8	0.487 7	59°	0.857 2	0.515 0	1.664 3
27°	0.454 0	0.891 0	0.509 5	60°	0.866 0	0.500 0	1.732 1
28°	0.469 5	0.882 9	0.531 7	61°	0.874 6	0.484 8	1.804 0
29°	0.484 8	0.874 6	0.554 3	62°	0.882 9	0.469 5	1.880 7
30°	0.500 0	0.866 0	0.577 4	63°	0.891 0	0.454 0	1.962 6
31°	0.515 0	0.857 2	0.600 9	64°	0.898 8	0.438 4	2.050 3
32°	0.529 9	0.848 0	0.624 9	65°	0.906 3	0.422 6	2.144 5
33°	0.544 6	0.838 7	0.649 4	66°	0.913 5	0.406 7	2.246 0
34°	0.559 2	0.829 0	0.674 5	67°	0.920 5	0.390 7	2.355 9
35°	0.573 6	0.819 2	0.700 2	68°	0.927 2	0.374 6	2.475 1
36°	0.587 8	0.809 0	0.726 5	69°	0.933 6	0.358 4	2.605 1
37°	0.601 8	0.798 6	0.753 6	70°	0.939 7	0.342 0	2.747 5
38°	0.615 7	0.788 0	0.781 3	71°	0.945 5	0.325 6	2.904 2
39°	0.629 3	0.777 1	0.809 8	72°	0.951 1	0.309 0	3.077 7
40°	0.642 8	0.766 0	0.839 1	73°	0.956 3	0.292 4	3.270 9
41°	0.656 1	0.754 7	0.869 3	74°	0.961 3	0.275 6	3.487 4
42°	0.669 1	0.743 1	0.900 4	75°	0.965 9	0.258 8	3.732 1
43°	0.682 0	0.731 4	0.932 5	76°	0.970 3	0.241 9	4.010 8
44°	0.694 7	0.719 3	0.965 7	77°	0.974 4	0.225 0	4.331 5
45°	0.707 1	0.707 1	1.000 0	78°	0.978 1	0.207 9	4.704 6
46°	0.719 3	0.694 7	1.035 5	79°	0.981 6	0.190 8	5.144 6

续表

角	正弦	余弦	正切	角	正弦	余弦	正切
80°	0.984 8	0.173 6	5.671 3	86°	0.997 6	0.069 8	14.301 0
81°	0.987 7	0.156 4	6.313 8	87°	0.998 6	0.052 3	19.081 0
82°	0.990 3	0.139 2	7.115 4	88°	0.999 4	0.034 9	28.636 0
83°	0.992 5	0.121 9	8.144 3	89°	0.999 8	0.017 5	57.290 0
84°	0.994 5	0.104 5	9.514 4	90°	1.000 0	0.000 0	不存在
85°	0.996 2	0.087 2	11.430 0				

【拓展应用】

互余的两个角的三角函数之间的关系

我们知道，$\sin\frac{\pi}{6}=\cos\frac{\pi}{3}=\frac{1}{2}$，$\sin\frac{\pi}{3}=\cos\frac{\pi}{6}=\frac{\sqrt{3}}{2}$，$\sin\frac{\pi}{4}=\cos\frac{\pi}{4}=\frac{\sqrt{2}}{2}$，那么，对于其他互余的两个角，它们的正弦和余弦之间是否也存在相应的关系呢？

如图 5-16 所示，任意角 α 与单位圆交于点 $P(x,y)$，则角 $\frac{\pi}{2}-\alpha$ 与单位圆的交点为 $P'(y,x)$.

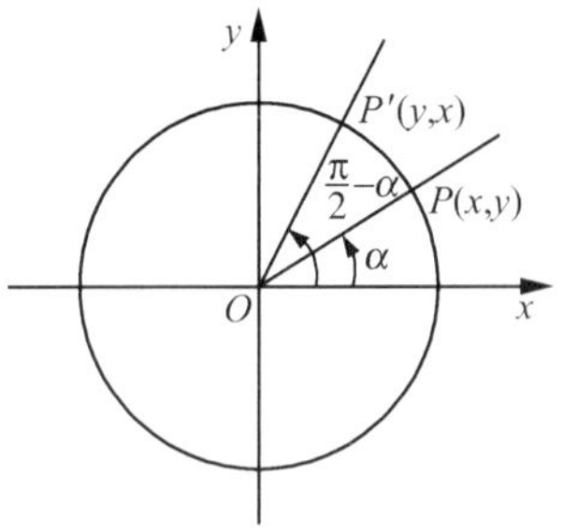

图 5-16

对于角 α，有

$$\cos\alpha=x，\sin\alpha=y，$$

而对于角 $\frac{\pi}{2}-\alpha$，有

$$\cos\left(\frac{\pi}{2}-\alpha\right)=y，\sin\left(\frac{\pi}{2}-\alpha\right)=x，$$

从而得到

$$\sin\left(\frac{\pi}{2}-\alpha\right)=\cos\alpha,\cos\left(\frac{\pi}{2}-\alpha\right)=\sin\alpha.$$

特别地,由于$\frac{\pi}{2}+\alpha=\frac{\pi}{2}-(-\alpha)$,因此,把上面公式中的$\alpha$改为$-\alpha$,就可以得到

$$\sin\left(\frac{\pi}{2}+\alpha\right)=\cos\alpha\ ,\cos\left(\frac{\pi}{2}+\alpha\right)=-\sin\alpha.$$

这样,利用这两组公式,就可以在互余的两个角之间实现正弦函数与余弦函数的互相转化.

5.6　正弦函数的图象和性质

【学习目标】

1. 会用正弦线画出正弦函数的图象，会用“五点作图法”画正弦函数及与之相关的某些简单函数在长度为 2π 的闭区间 $[0,2\pi]$ 上的简图.

2. 了解周期函数与最小正周期的意义.

3. 理解正弦函数的性质，并能运用性质解决简单的问题.

【重点难点】

重点：用“五点作图法”画正弦函数及与之相关的某些简单函数在长度为 2π 的闭区间 $[0,2\pi]$ 上的简图，正弦函数的性质的理解及简单应用.

难点：周期函数与最小正周期的意义的理解.

【微课导学】

扫下面的二维码，学习微课“正弦函数的图象分析与‘五点作图法’”“正弦函数的性质、周期性应用”.

【自主学习】

1. 有向线段是指规定了__________和__________的线段，根据有向线段与 y 轴（x 轴）正方向相同或相反，分别把它的长度添上正号或负号，这样所得的数称为__________.

2. 设任意角 α 的终边与单位圆交于点 P,过点 P 作 x 轴的垂线,垂足为点 M,单位圆交 x 轴的正半轴于点 A,过点 A 作单位圆的切线,与 OP 的延长线(反向延长线)交于点 T,如图 5-17 所示. 我们称有向线段 MP 为________线,OM 为________线,AT 为________线.

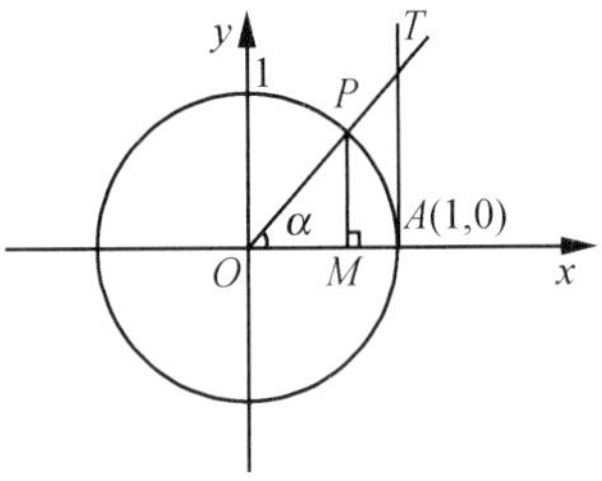

图 5-17

3. 用"五点作图法"作正弦函数的图象:

(1) 在直角坐标系中取________,________,________,________,________五点,作出 $y=\sin x$ 在一个周期内的简图.

(2) 作出 $y=\sin x+2$ 在一个周期内的简图.

4. 下列关于正弦函数的性质,正确的叙述是 ( )

A. 定义域为$[-1,1]$　　B. 值域为 **R**

C. 周期为 2π　　D. 是偶函数

5. 函数 $y=1+\sin x$ 的最大值为 ( )

A. 0　　B. 1　　C. 2　　D. 3

6. 函数 $y=1-2\sin x$ 的周期是________.

7. 比较大小:$\sin 150°$________$\sin 180°$.

8. $y=\frac{1}{2}\sin x, x\in[0,2\pi]$的单调减区间是　　　　(　　)

A. $\left[0,\frac{\pi}{2}\right]$　　B. $[0,\pi]$　　C. $\left[\frac{\pi}{2},\frac{3\pi}{2}\right]$　　D. $\left[\frac{\pi}{2},2\pi\right]$

【探究任务】

任务一

利用正弦线作出 $y=\sin x, x\in[0,2\pi]$的图象(图 5-18).

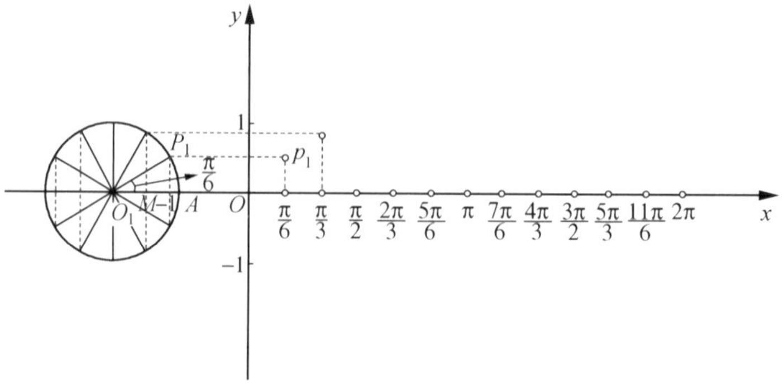

图 5-18

问题 1　观察 $y=\sin x, x\in[0,2\pi]$的图象,写出最高点、最低点、与 x 轴交点的坐标.

问题 2　试总结出利用“五点作图法”作图的步骤.

任务二

观察正弦曲线 $y=\sin x$(图 5-19),$x\in\mathbf{R}$,试探究正弦函数的性质,并填写下表.

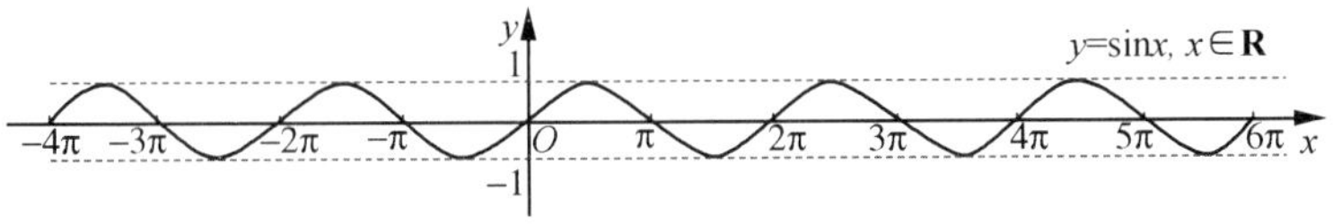

图 5-19

<table>
<tr><td>性质</td><td colspan="2">$y=\sin x$</td></tr>
<tr><td>定义域</td><td colspan="2"></td></tr>
<tr><td rowspan="2">值域</td><td rowspan="2"></td><td>最大值:</td></tr>
<tr><td>最小值:</td></tr>
<tr><td rowspan="2">周期性</td><td colspan="2">定义:</td></tr>
<tr><td colspan="2">周期:</td></tr>
<tr><td rowspan="2">奇偶性</td><td rowspan="2">________函数</td><td>对称轴:</td></tr>
<tr><td>对称中心:</td></tr>
<tr><td rowspan="2">单调性</td><td colspan="2">单调增区间:</td></tr>
<tr><td colspan="2">单调减区间:</td></tr>
</table>

【典例解析】

例 1 求函数 $y=\sin^2 x-\sin x+1$ 的最大值和最小值.

解 令 $t=\sin x$,则 $y=t^2-t+1$,$t\in[-1,1]$. 又 $y=t^2-t+1=\left(t-\frac{1}{2}\right)^2+\frac{3}{4}$,则

当 $t=\frac{1}{2}$时,函数有最小值 $y_{\min}=\left(\frac{1}{2}-\frac{1}{2}\right)^2+\frac{3}{4}=\frac{3}{4}$;

当 $t=-1$ 时,函数有最大值 $y_{\max}=\left(-1-\frac{1}{2}\right)^2+\frac{3}{4}=3$.

备注 对于 $\sin x$,$\cos x$ 的二次式求值,换元法是解决此类问题的重要方法.

例2 已知 $f(x)=ax^3+b\sin x+1$，且 $f(1)=5$，求 $f(-1)$.

解 因为 $f(1)=a\cdot 1^3+b\sin 1+1=5$，则 $a+b\sin 1=4$，所以

$$f(-1)=-a-b\sin 1+1=-(a+b\sin 1)+1=-3.$$

备注 熟练掌握函数的奇偶性，利用整体化思想是解决本题的关键.

例3 函数 $f(x)=\sin x+1$ 是不是周期函数？如果是，求出其周期.

解 $f(x+2k\pi)=\sin(x+2k\pi)+1=\sin x+1=f(x)$，$k\in\mathbf{Z}$.

当 $k=1$ 时，2π 是最小正周期，所以 $f(x)=\sin x+1$ 是周期为 2π 的周期函数.

备注 解决此类问题时，注意所求周期为最小正周期.

【课后练习】

1. 将 $y=\sin x$ 上所有点的纵坐标保持不变，横坐标伸长到原来的3倍，其表达式为 ( )

A. $y=\sin 3x$　　B. $y=\sin\frac{x}{3}$

C. $y=3\sin x$　　D. $y=\frac{1}{3}\sin x$

2. 函数 $y=1+\sin x$ 的周期为 ( )

A. $\frac{\pi}{2}$　　B. π　　C. 2π　　D. 3π

3. 函数 $y=-2\sin x+1$ 的值域为__________.

4. 函数 $y=\frac{1}{2}\sin x$，$x\in[0,2\pi]$的单调减区间为__________.

5. 已知 $\sin x=\frac{1-3a}{2}$，则 a 的取值范围为__________.

6. 用“五点作图法”作下列函数在$[0,2\pi]$上的简图.

(1) $y=-2\sin x$；　　(2) $y=2\sin x+1$.

7. 已知函数 $y=a\sin x+b(a<0)$ 的最小值为 $-\frac{1}{2}$，最大值为 $\frac{3}{2}$，求 a，b 的值.

8. 求函数 $y=\cos^2 x+2\sin x-2$ 的最大值和最小值.

【数学文化】

托勒密在其著作《至大论》中,将当时已知的恒星划为48个星座.关于正弦函数的计算,托勒密在《至大论》中将角内切于圆.

公元6世纪,印度数学家阿耶波多使用了半弦,称之为ardhajya(梵文音译),简写成jya或jiva.

阿拉伯人将其音译为“jiba”,但因为这个词并无实际意义,于是,阿拉伯人又将其改写为有意义的词“jaib”,意为“海湾”.

12世纪,欧洲人将“jaib”译为拉丁文“sinus”(表示海湾或曲线的单词).

17世纪,荷兰数学家吉拉特采用了简写符号“sin”表示正弦(图5-20、图5-21).

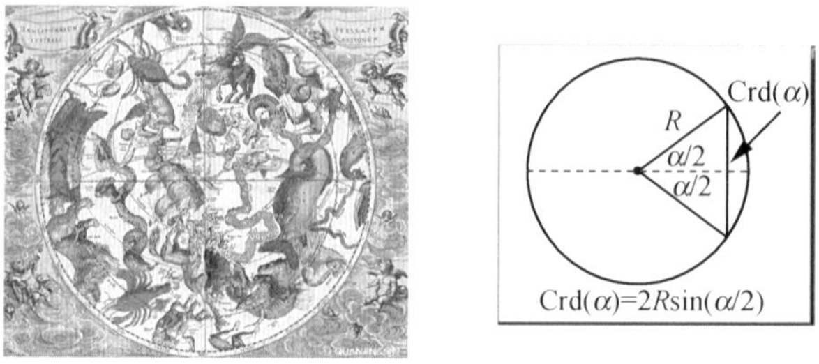

图 5-20

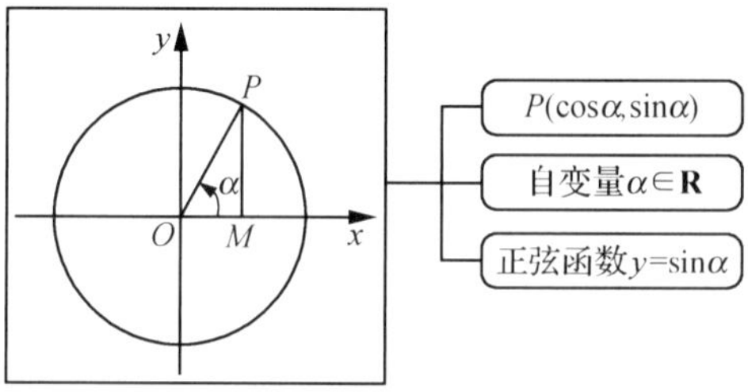

图 5-21

三角学于明代传入中国,邓玉函(德国人)在《大测》中给出了“正弦”“余弦”“正切”等名词.

清初数学家梅文鼎在《平三角举要》中解释:“割圆直线,如弓之弦,谓之通弦,通弦半之,谓之正弦”,而余弦不过是“余角之正弦”.

【拓展应用】

走路时,我们的手臂自然地随步伐做周期性的摆动,那么手臂做周期性的摆动满足什么规律呢?如果设手臂的长度为 R,手臂垂直位置与摆动位置的夹角为 x,手离开手臂垂直位置的距离为 y,则 y 与 x 之间有什么关系?

5.7　余弦函数的图象和性质

【学习目标】

1. 会用余弦线画出余弦函数的图象.

2. 会用“五点作图法”画余弦函数及与之相关的某些简单函数在闭区间 $[0,2\pi]$ 上的简图.

3. 理解余弦函数的性质，并能对其性质进行简单的应用.

【重点难点】

重点：余弦函数图象的作法、性质的理解及应用.

难点：周期函数与最小正周期意义的理解.

【微课导学】

扫下面的二维码，学习微课“余弦函数的图象分析与‘五点作图法’”“余弦函数的性质、周期性应用”.

【自主学习】

1. 用“五点作图法”作 $y=\cos x, x\in[0,2\pi]$ 简图时的五个点是________________________.

2. 函数 $y=\cos x$ 的定义域是__________，值域是__________.

3. 函数 $y=\cos x$ 的周期是__________，单调增区间是__________，单调

减区间是__________.

4. 函数 $y=\cos x+1$ 的最大值是__________,最小值是__________.

5. 函数 $y=\cos x$ 是奇函数还是偶函数?如何判断?

6. 不求值,比较下列各对余弦值的大小.

(1) $\cos\frac{\pi}{7}$,$\cos\frac{\pi}{5}$;　　(2) $\cos\frac{2\pi}{5}$,$\cos\frac{3\pi}{4}$.

7. 用"五点作图法"作出函数 $y=\cos x$,$x\in[0,2\pi]$的简图.

【探究任务】

任务一

上一节中，我们利用角 α 的正弦线作出了正弦函数 $y=\sin x$ 的图象. 同样，利用角 α 的余弦线可作出余弦函数 $y=\cos x$ 的图象. 那么，在直角坐标系中，如何作出余弦函数 $y=\cos x$ 图象上的点 $(x,\cos x)$ 呢？

由图 5-22 可知，关键是把角 α 的余弦线 OM "竖立"起来. 我们知道等腰直角三角形的两条直角边相等，因此，我们把坐标系向下平移，余弦线 OM 平移至 O_1A，过点 O_1 作与 x 轴正方向成 $\frac{\pi}{4}$ 角的直线 l，过余弦线 O_1A 的终点 A 作 x 轴的垂线，交 l 于 A'，则 $O_1A=AA'$. 这样，我们就把余弦线 OM "竖立"起来成为 AA'.

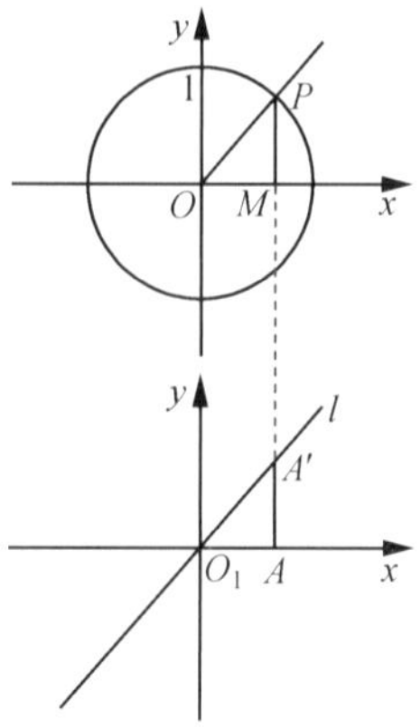

图 5-22

将余弦线"竖立"起来之后，请用与作正弦函数图象类似的方法作出 $y=\cos x$，$x\in[0,2\pi]$ 的图象.

任务二

类似于正弦函数图象的五个关键点，你能找出余弦函数的五个关键点吗？请将它们的坐标填入下表，然后作出函数 $y=\cos x, x\in[0,2\pi]$ 的简图.

x					
$y=\cos x$					

任务三

类比正弦函数的性质，你能得到余弦函数 $y=\cos x$ 的哪些性质？

<table>
<tr><td>性质</td><td colspan="2">$y=\cos x$</td></tr>
<tr><td>定义域</td><td colspan="2"></td></tr>
<tr><td rowspan="2">值域</td><td rowspan="2"></td><td>最大值：</td></tr>
<tr><td>最小值：</td></tr>
<tr><td rowspan="2">周期性</td><td colspan="2">定义：</td></tr>
<tr><td colspan="2">周期：</td></tr>
<tr><td rowspan="2">奇偶性</td><td rowspan="2">________函数</td><td>对称轴：</td></tr>
<tr><td>对称中心：</td></tr>
<tr><td rowspan="2">单调性</td><td colspan="2">单调增区间：</td></tr>
<tr><td colspan="2">单调减区间：</td></tr>
</table>

【典例解析】

例 1　求下列函数的定义域.

（1）$y=\dfrac{1}{1+\cos x}$；　　（2）$y=\sqrt{\cos x}$.

解　（1）要使函数有意义，必须使 $1+\cos x\neq 0$，即 $\cos x\neq -1$. 由余弦函数的图象可知，在 $[0,2\pi)$ 上满足 $x\neq\pi$. 根据余弦函数的周期性，该函数的定义域为 $\{x\mid x\neq\pi+2k\pi,k\in\mathbf{Z}\}$.

（2）要使函数有意义，必须使 $\cos x\geqslant 0$. 由余弦函数的图象可知，在 $[-\pi,\pi)$ 上满足 $\cos x\geqslant 0$ 的 x 的区间是 $\left[-\dfrac{\pi}{2},\dfrac{\pi}{2}\right]$，根据余弦函数的周期性，该函数的定义域为 $\left\{x\middle|-\dfrac{\pi}{2}+2k\pi\leqslant x\leqslant\dfrac{\pi}{2}+2k\pi,k\in\mathbf{Z}\right\}$.

备注　解析式中含有分式，使得解析式有意义的条件是分母不等于零；解析式中含有二次根式，使得解析式有意义的条件是被开方式非负.

例 2　函数 $y=\cos\left(2x-\dfrac{\pi}{4}\right)$ 的单调增区间是__________.

解　根据余弦函数的性质，可知

$$-\pi+2k\pi\leqslant 2x-\frac{\pi}{4}\leqslant 2k\pi,k\in\mathbf{Z},$$

即

$$-\frac{3\pi}{8}+k\pi\leqslant x\leqslant\frac{\pi}{8}+k\pi,k\in\mathbf{Z},$$

则所求单调增区间是 $\left[-\dfrac{3\pi}{8}+k\pi,\dfrac{\pi}{8}+k\pi\right],k\in\mathbf{Z}$.

【课后练习】

1. 函数 $y=\cos x-1$ 的最大值为　　（　　）

A. 0　　B. 1　　C. 2　　D. 3

2. 余弦函数 $y=\cos x$ 的周期为　　（　　）

A. $\dfrac{\pi}{2}$　　B. π　　C. 2π　　D. 3π

3. 函数 $y=3\cos\left(\frac{\pi}{2}-2x\right)$ 是 (　　)

A. 最小正周期为 π 的奇函数　　B. 最小正周期为 π 的偶函数

C. 最小正周期为$\frac{\pi}{2}$的奇函数　　D. 最小正周期为$\frac{\pi}{2}$的偶函数

4. 设 $2\cos x=a$,那么 a 的取值范围是__________.

5. 比较大小:$\cos\left(-\frac{2\pi}{5}\right)$ __________ $\cos\left(-\frac{4\pi}{5}\right)$.

6. 用“五点作图法”作函数 $y=3\cos x, x\in \mathbf{R}$ 的简图.

7. 求函数 $y=4\cos x$ 在$\left[\frac{\pi}{2},\frac{5\pi}{2}\right]$上的最大值及取最大值时自变量 x 的值.

8. 求下列函数的单调区间.

(1) $y=5\cos 2x$;　　(2) $y=3-\cos 4x$.

【数学文化】

三角知识起源于远古，但是用线段的比来定义三角函数，则是由欧拉在著名的《无穷小分析引论》一书中首次给出的．在欧拉之前，研究三角函数大都是在一个确定半径的圆内进行的．如古希腊的托勒密定半径为 60；印度人阿耶波多定半径为 3 438；德国数学家雷格蒙塔努斯为了精密地计算三角函数值曾定半径为 6×10^5，后来为制定更精密的正弦表又定半径为 10^7．因此，当时的三角函数实际上是定圆内的一些线段（如弦）的长．

意大利数学家利提克斯改变了前人的做法，即过去一般称 AB 为 $\overset{\frown}{AD}$ 的正弦，把正弦与圆牢牢地连结在一起（图 5-23），而利提克斯却把它称为 $\angle AOB$ 的正弦，从而使正弦值直接与角挂勾，而使圆 O 成为从属地位了．

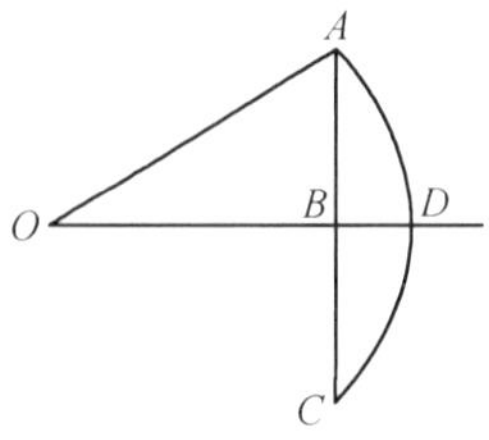

图 5-23

直到欧拉时代，才令圆的半径为 1，即置角于单位圆之中，从而使三角函数定义为相应的线段与圆半径之比．

【拓展应用】

正弦函数与余弦函数的图形都呈波浪形且周期性地重复出现，这样的图形常用来描述波动的现象．在自然界或日常生活中常可以看到许多周期性的波动现象，如地震的震波、振动的琴弦所产生的声波，以及雷达、微波炉、手机等发出的电磁波．不管这些波动现象多复杂，它们都是由一种最简单、最基本的正弦波或余弦波所组成的．

用余弦函数描述一简谐运动，已知振幅为 A，周期为 T，初相 $\varphi=-\frac{1}{3}\pi$，则振动曲线为下图所示中的哪一个？

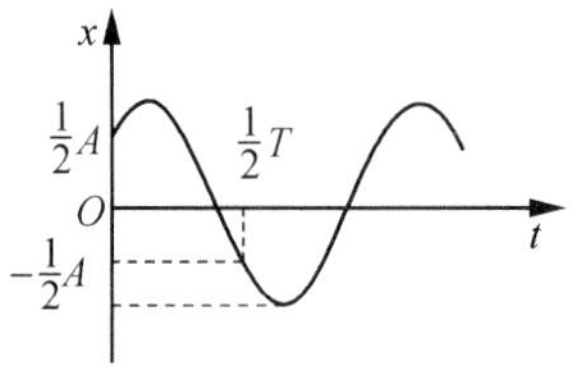

A.

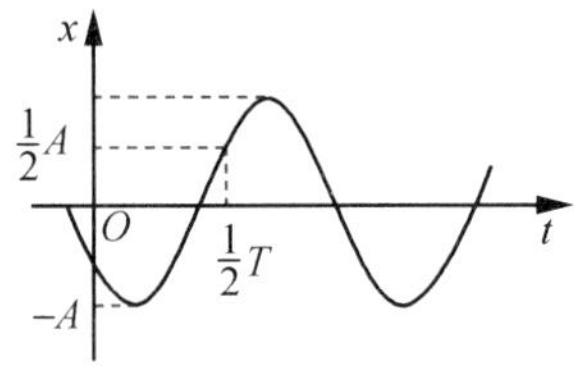

B.

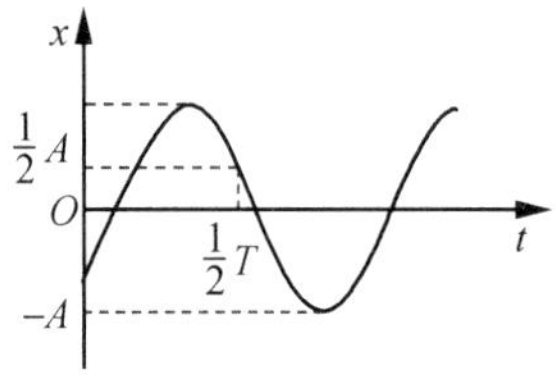

C.

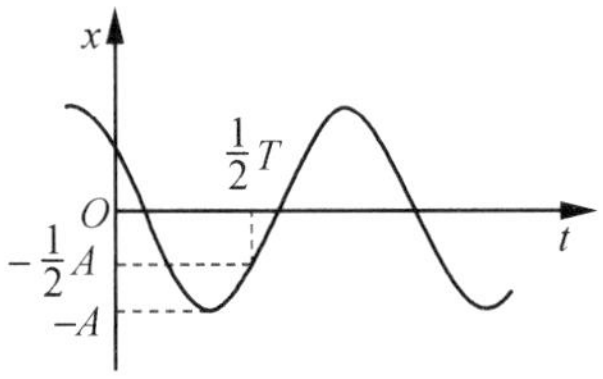

D.

分析 根据题意,可以写出振动表达式为 $x=A\cos\left(\frac{2\pi}{T}t-\frac{\pi}{3}\right)$,故选 A.

5.8　已知三角函数值求角

【学习目标】

1. 理解并学会已知三角函数值求角的方法.
2. 掌握运用计算器求角的操作流程.

【重点难点】

重点:已知三角函数值求角.

难点:已知三角函数值求角.

【微课导学】

扫下面的二维码,学习微课"已知三角函数值求角的典型例题".

【自主学习】

1. 已知 $\sin x=\frac{1}{2}$,且 $x\in\left[0,\frac{\pi}{2}\right]$,则 $x=$__________.

2. 已知 $\cos x=\frac{1}{2}$,且 $x\in\left[0,\frac{\pi}{2}\right]$,则 $x=$__________.

3. 已知 $\sin x=-\frac{1}{2}$,且 $x\in\left[\frac{3\pi}{2},2\pi\right]$,则 $x=$__________.

4. 已知 $\cos x=-\frac{1}{2}$,且 $x\in\left[\frac{\pi}{2},\pi\right]$,则 $x=$__________.

5. 已知 $\sin x=\frac{1}{2}$，且 $x\in[0,2\pi]$，则 $x=$__________.

6. 已知 $\cos x=\frac{1}{2}$，且 $x\in[0,2\pi]$，则 $x=$__________.

【探究任务】

任务一

阅读材料，回答问题.

材料　2022 年 12 月 16 日，新疆出入境边防检查总站塔城边境管理支队托里边境管理大队铁列克提大桥边境检查站迎来了一位特殊的"小伙伴"——警犬"新叶". 它在经过近 4 个月的严格训练后，顺利"毕业"到塔城边境管理支队铁列克提大桥边境检查站"光荣上岗". 它将和训导员在边境一线并肩作战，共同打击违法犯罪活动，守护边境一线安全稳定.

问题　假设"新叶"训练的台子高与斜边长度的比值为 $\frac{\sqrt{2}}{2}$(图 5-24)，试求训练台坡角 α 的大小.

图 5-24

任务二

通过下列问题探究已知三角函数值求角.

1. 填表：

x	0	$\frac{\pi}{6}$	$\frac{\pi}{4}$	$\frac{\pi}{3}$	$\frac{2\pi}{3}$	$\frac{5\pi}{4}$	$\frac{11\pi}{6}$	2π
$\sin x$								
$\cos x$								

2. 利用上表的三角函数值求角 $\alpha(0\leqslant\alpha\leqslant2\pi)$：

(1) $\sin\alpha=\frac{\sqrt{2}}{2}$；　　(2) $\cos\alpha=-1$；　　(3) $\cos\alpha=-\frac{\sqrt{3}}{2}$.

【典例解析】

例 1　已知 $\sin x=-\frac{\sqrt{2}}{2}$，$x\in\left(\frac{\pi}{2},\frac{3\pi}{2}\right)$，求 x.

解　因为 $\sin x=-\frac{\sqrt{2}}{2}<0$，所以 x 是第三或第四象限角.

又因为 $x\in\left(\frac{\pi}{2},\frac{3\pi}{2}\right)$，所以 $\pi<x<\frac{3\pi}{2}$. 由 $\sin\frac{5\pi}{4}=-\frac{\sqrt{2}}{2}$ 可得 $x=\frac{5\pi}{4}$.

备注　解决此类题目的关键是先判断其是第几象限角.

例 2　已知 $\cos x=\frac{\sqrt{2}}{2}$，$x\in[0,2\pi]$，求 x.

解　因为 $\cos x=\frac{\sqrt{2}}{2}>0$，所以 x 是第一或第四象限角.

情形 1　由 $\cos\frac{\pi}{4}=\frac{\sqrt{2}}{2}$ 可知 $x_1=\frac{\pi}{4}$，这是符合条件的第一象限角.

情形 2　又由 $\cos\frac{7\pi}{4}=\frac{\sqrt{2}}{2}$ 可知 $x_2=\frac{7\pi}{4}$，这是符合条件的第四象限角.

所以 $x=\frac{\pi}{4}$ 或 $\frac{7\pi}{4}$.

备注　题目可能存在多种情况，应分类讨论.

【课后练习】

1. 已知 $\sin x=\frac{\sqrt{3}}{2}$，$x\in[0,\pi]$，则 x 的值为 ( )

A. $\frac{\pi}{3}$　　B. $\frac{2\pi}{3}$　　C. $\frac{\pi}{6}$　　D. $\frac{\pi}{3}$或$\frac{2\pi}{3}$

2. 已知 $\cos x=-\frac{\sqrt{2}}{2}$，$x\in[0,2\pi]$，则 x 的值为 ( )

A. $\frac{\pi}{4}$　　B. $\frac{3\pi}{4}$　　C. $\frac{5\pi}{4}$或$\frac{3\pi}{4}$　　D. $\frac{7\pi}{4}$

3. 已知 $\tan x=-\frac{\sqrt{3}}{3}$，$x\in[0,2\pi]$，则 x 的值为 ( )

A. $\frac{7\pi}{6}$　　B. $\frac{5\pi}{6}$或$\frac{7\pi}{6}$　　C. $\frac{5\pi}{6}$　　D. $\frac{11\pi}{6}$

4. 若 $\sin\alpha=\frac{\sqrt{3}}{2}$，$0^\circ\leqslant\alpha<360^\circ$，则 $\alpha=$ ________.

5. 若 $\sin\alpha=\frac{\sqrt{2}}{2}$，$\alpha\in[0,2\pi)$，则 $\alpha=$ ________.

6. 求适合下列各式的 α($0^\circ\leqslant\alpha<360^\circ$)：

(1) $\sin\alpha=-\frac{\sqrt{2}}{2}$；　　(2) $\cos\alpha=-\frac{1}{2}$；　　(3) $\tan\alpha=-1$.

7. 求适合下列各式的 $\alpha\left(\alpha\in\left[-\frac{\pi}{2},\frac{\pi}{2}\right]\right)$：

(1) $\sin\left(\alpha-\frac{\pi}{4}\right)=\frac{1}{2}$；　　(2) $\cos\left(\alpha+\frac{\pi}{4}\right)=\frac{\sqrt{3}}{2}$.

8. 求适合下列各式的 $x(-90°\leqslant x\leqslant 90°)$，精确到 0.000 1：

(1) $\sin x=0.433$；　　(2) $\cos x=-0.633$.

【信息手段】

利用信息手段解出【课后练习】的第 8 题.

方法 1　科学计算器

按键顺序：按 [D/R] ，设定角的计算模式为角度(D)或弧度(R)→按 [2ndF] 键→按 [$\sin^{-1}$] 键→输入正弦函数值 0.433→按 [=] 键；

再按 [D/R]，设定角的计算模式为角度(D)或弧度(R)→按 [2ndF] 键→按 [$\cos^{-1}$] 键→输入余弦函数值 -0.633→按 [=] 键.

方法 2　利用 Excel 求解

第一步，新建 Excel 文件；

第二步，在 A1 和 A2 中输入自变量 0.433 和 -0.633；

第三步，在 B1 中输入公式“=ASIN(A1)”，确认公式后，按下 Enter 键即可得到结果；同理，在 B2 中输入公式“=ACOS(A2)”，按下 Enter 键，也可得到结果.

【拓展应用】

如图 5-25 所示，靠墙修建一条排水渠，其截面曲线形状是余弦曲线 $y=\cos x$，$x\in[0,2\pi]$. 排水渠内，正常天气水位在 1 m 处(x 轴上)；干旱时水位下降，最低水位可降至0.31 m 处(图中实线 CD)；下雨时水位上升，最高水位可达到 1.68 m 处(图中虚线 AB).

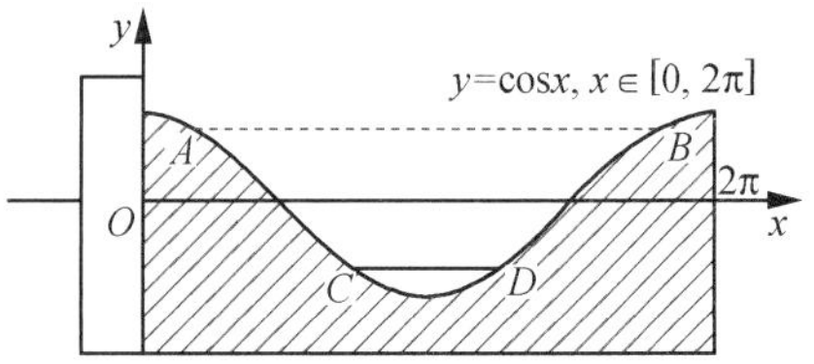

图 5-25

(1) 水位最高时水面边线离墙各有多远(A,B 点到墙面的距离，精确到 0.01 m)?

(2) 水位最低时水面宽 CD 是多少(精确到 0.01 m)?

自我检测

一、选择题

1. 下列角中与 330° 角终边相同的是　　(　　)

A. 390°　　B. 930°　　C. -60°　　D. -390°

2. 370° 角所在的象限是　　(　　)

A. 第一象限　　B. 第二象限

C. 第三象限　　D. 第四象限

3. 设 $0^\circ<\alpha<90^\circ$，则角 $-\alpha$ 所在的象限是　　(　　)

A. 第一象限　　B. 第二象限

C. 第三象限　　D. 第四象限

4. 若角 θ 的终边经过点 $P\left(-\frac{\sqrt{3}}{2},\frac{1}{2}\right)$，则 $\tan\theta$ 的值是　　(　　)

A. $\frac{1}{2}$　　B. $-\frac{\sqrt{3}}{2}$　　C. $\sqrt{3}$　　D. $-\frac{\sqrt{3}}{3}$

5. 已知角 α 终边上的一点 $P(3,4)$，则 $\sin\alpha+\cos\alpha+\tan\alpha=$　　(　　)

A. $\frac{41}{15}$　　B. $\frac{39}{15}$　　C. $\frac{15}{41}$　　D. $\frac{15}{39}$

6. 设 $\frac{\sin\alpha}{\cos\alpha}<0$，则角 α 所在的象限是　　(　　)

A. 第一或第二象限　　B. 第二或第四象限

C. 第三或第四象限　　D. 第一或第四象限

7. 若角 α 是第三象限角，则 $\sqrt{\cos^2\alpha}=$　　(　　)

A. $\cos\alpha$　　B. $-\cos\alpha$　　C. $\sin\alpha$　　D. $-\sin\alpha$

8. 如果 $\sin\alpha=\frac{3}{5}$，$\alpha\in(0,\pi)$，那么 $\tan\alpha$ 的值等于　　(　　)

A. $\frac{4}{3}$　　B. $\frac{3}{4}$　　C. $\pm\frac{3}{4}$　　D. $\pm\frac{4}{3}$

9. $\cos(-300^\circ)=$ ( )

A. $\frac{1}{2}$ B. $-\frac{1}{2}$ C. $\frac{\sqrt{3}}{2}$ D. $-\frac{\sqrt{3}}{2}$

10. 设圆的半径为 r,则圆心角为 120°的扇形的弧长为 ( )

A. $\frac{\pi r}{2}$ B. πr C. $\frac{\pi r}{3}$ D. $\frac{2\pi r}{3}$

11. 已知 $4\sin\alpha+3\cos\alpha=0$,则 $\tan\alpha$ 的值为 ( )

A. $\frac{3}{4}$ B. $-\frac{3}{4}$ C. $\frac{4}{3}$ D. $-\frac{4}{3}$

12. 下列说法正确的是 ( )

A. 第一象限角都是锐角

B. 若 $\tan\alpha=1$,则 $\alpha=\frac{\pi}{4}$

C. $\sqrt{1-\sin^2 140^\circ}=\cos 140^\circ$

D. $\sin\alpha+\cos\alpha=-3$ 不可能成立

13. 设 M 和 m 分别表示函数 $y=1-\frac{1}{3}\sin x$ 的最大值和最小值,则 $M+m$ 等于 ( )

A. $\frac{2}{3}$ B. $\frac{3}{4}$ C. 2 D. $\frac{4}{3}$

14. 函数 $y=2\sin x$ 的最小正周期是 ( )

A. $\frac{\pi}{2}$ B. π C. 2π D. 4π

15. 函数 $y=2\cos x$ 的图象 ( )

A. 关于 x 轴对称 B. 关于 y 轴对称

C. 关于原点轴对称 D. 不具有对称性

二、填空题

1. 与 40°角终边相同的角的集合是________.

2. 在半径为 4 m 的圆中,240°的圆心角所对的弧长为________m.

3. 若 $\cos\alpha=-\frac{12}{13}$,并且角 α 是第二象限的角,则 $\sin\alpha=$________.

4. 若 $\sin\alpha=2a-1$,则 a 的取值范围为________.

5. 函数 $y=1-3\cos x$ 的周期是________.

6. 已知 $\cos\alpha=0$，$\alpha\in[0,2\pi]$，则 $\alpha=$________.

7. $\sin\dfrac{\pi}{2}+\cos 0-\tan\dfrac{\pi}{4}=$________.

8. $\dfrac{\sin(\pi+\alpha)\cos(\pi-\alpha)\tan(-\alpha)}{\sin^2(-\alpha-\pi)}=$________.

9. 在 $0°\sim360°$ 范围内，与 $-510°$ 角终边相同的角是________.

10. 若 $\theta\in[0,2\pi]$，且 $\sqrt{1-\sin^2\theta}+\sqrt{1-\cos^2\theta}=\sin\theta-\cos\theta$，则角 θ 的取值范围是________.

三、解答题

1. 化简：

(1) $\dfrac{\sin(-\alpha)-\sin(180°+\alpha)-\tan(360°+\alpha)}{\cos(-\alpha)+\tan(\alpha+180°)+\cos(180°-\alpha)}$；

(2) $\dfrac{1}{\tan\alpha}+\dfrac{\sin\alpha}{1+\cos\alpha}$.

2. 已知函数 $y=1-2\sin x$.

(1) 利用“五点作图法”，作出函数在$[0,2\pi]$上的图象；

(2) 求函数的最值，以及取得最值时自变量 x 的集合.

3. 已知 $\cos\alpha=-\dfrac{4}{5}$,求 $\sin\alpha$ 和 $\tan\alpha$ 的值.

4. 已知 $\tan\alpha=-\dfrac{18}{5}$,且 $\dfrac{\pi}{2}<\alpha<\pi$,求 $\sin\alpha$ 和 $\cos\alpha$ 的值.

5. 已知 $\tan\alpha=-2$,求下列各式的值.

(1) $\dfrac{\sin\alpha-3\cos\alpha}{2\sin\alpha+\cos\alpha}$;

(2) $\dfrac{1}{\cos^2\alpha-\sin^2\alpha}$.

6. 已知扇形的周长为 20 cm，当扇形的圆心角为多少时，它有最大的面积？最大面积是多少？

7. 求函数 $y=\sqrt{2\sin x+1}$的定义域.

8. 已知函数 $y=a\sin x+b(a,b\in\mathbf{R})$的最大值为 5,最小值为 1,试求 a,b 的值.

第6章　数　列

6.1　数列的概念

【学习目标】

1. 了解数列的概念、数列的分类,以及数列是一种特殊的函数.

2. 了解数列通项公式的意义,会根据通项公式写出数列的前几项,会写出较简单的数列的一个通项公式.

【重点难点】

重点:数列的概念及数列的通项公式.

难点:根据数列的前几项写出数列的一个通项公式.

【微课导学】

扫下面的二维码,学习微课“数列的分类与表示法”.

【自主学习】

1. 数列的概念:按一定________排列的一列数叫作数列.

2. 数列的一般形式:数列的一般形式为 $a_1,a_2,a_3,\cdots,a_n,\cdots$,简记作________.

3. 数列的分类:按照项数的数量来分,可分为________数列和________数列.

4. 数列的通项公式:数列$\{a_n\}$的第________项________与________之间的关系式.

5. 数列与集合的区别:数列中数与集合内元素排列不一样,数列里的数具有________性.

6. $\{a_n\}$与a_n的区别:$\{a_n\}$表示________,a_n表示数列中的________,$a_n=f(n)$表示数列的________.

7. 符合数列 2,4,8,14,a,32,…构成规律的 a 等于 (　　)

A. 22　　B. 28　　C. 33　　D. 27

【探究任务】

任务一

阅读以下材料,回答问题.

材料1　2023 年 8 月 8 日,为期 12 天的第 31 届世界大学生夏季运动会落幕.青年大学生运动员们相聚"蓉城",不仅贡献了精彩绝伦的竞技比赛,也带来了昂扬向上的生命朝气.值得一提的是,中国队成都大运会金牌数突破 100 枚,获得 103 枚.这是中国队参加历届大运会以来所获金牌数的最高纪录,中国也因此成为大运会历史上第二个在一届大运会上金牌总数破百的国家(图 6-1).

图 6-1

材料 2 1978 年年底，中国共产党召开了具有转折意义的十一届三中全会，吹响了改革开放的号角. 至今，改革开放已 40 多年，中国成功走完了西方发达国家几百年才完成的工业化道路，经济持续快速增长，综合国力位于世界前列，人民生活水平不断提高. 2023 年 2 月，国家统计局在其官网给出了 2018—2022 年国内生产总值及其增长速度统计图(图 6-2).

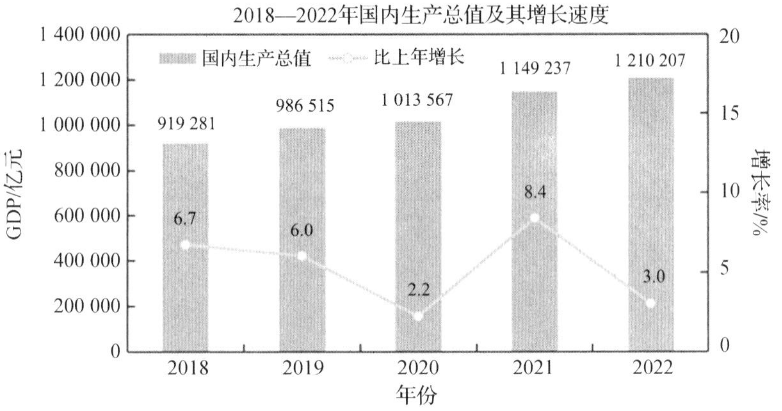

图 6-2

问题 1 观察材料 1 中第 31 届世界大学生夏季运动会奖牌榜，依次写出第 1 名到第 5 名的金牌数据.

问题 2 观察材料 2 中的统计图，试着写出三组数据.

问题 3 思考问题 1、2 中各组数据的特点，尝试写出数列的概念.

任务二

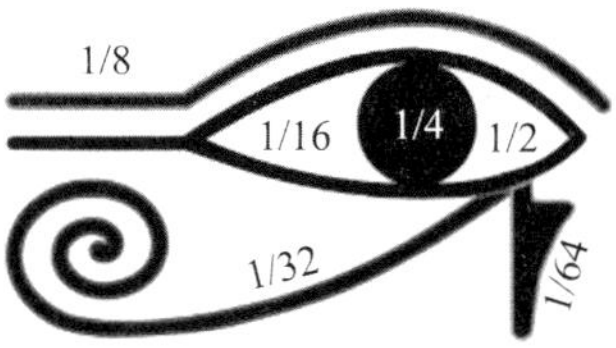

图 6-3

材料 荷鲁斯之眼(图 6-3)是古埃及用来计数的符号之一. 古埃及人将其分为 6 个部分,每个部分代表着一个分数,其中右眼角代表$\frac{1}{2}$,眼球代表$\frac{1}{4}$,眉毛代表$\frac{1}{8}$,左眼角代表$\frac{1}{16}$,眼睫毛代表$\frac{1}{32}$,眼泪代表$\frac{1}{64}$. 这 6 个分数按照从大到小的顺序可构成一个数列.

问题 数列的第 n 项 a_n 与项数 n($n=1,2,3,4,5,6$)之间能否用一个式子表示出来?

【典例解析】

例 1 根据下列数列的通项公式,写出数列的前 5 项.

(1) $a_n=\frac{2n}{n+1}$;　　(2) $a_n=(-1)^{n+1}\cdot n$.

解 (1) $a_1=\frac{2}{1+1}=1, a_2=\frac{4}{2+1}=\frac{4}{3}, a_3=\frac{3}{2}, a_4=\frac{8}{5}, a_5=\frac{5}{3}$;

(2) $a_1=(-1)^2\times 1=1, a_2=(-1)^3\times 2=-2, a_3=3, a_4=-4, a_5=5$.

备注 通项公式是数列每一项都通用的公式,根据通项公式可以写出数列的任意一项.

例 2 写出下列数列的一个通项公式.

(1) 2,4,6,8,10;　　(2) 2,3,4,5,6,…;

(3) 1,0.1,0.01,0.001,0.000 1,…;(4) −1,1,−1,1,−1,1,…;

(5) 3,3,3,3,3,….

解 (1) $a_n=2n,n=1,2,3,4,5$;

(2) $a_n=n+1,n\in\mathbf{N}_+$;

(3) $a_n=\frac{1}{10^{n-1}},n\in\mathbf{N}_+$;

(4) $a_n=(-1)^n,n\in\mathbf{N}_+$;

(5) $a_n=3,n\in\mathbf{N}_+$.

备注 写数列通项公式的关键是"凑"和"配",关键在于把各项分解成与其项数相关的式子,且结构相同,从而归纳出项与项数的关系,写出通项公式.

【课后练习】

1. 下列说法正确的是 ( )

A. 每一个数列的通项公式都是唯一的

B. 每一个数列都能写出相应的通项公式

C. 数列可以看作一个定义在自然数集或其子集上的函数

D. 在直角坐标系中,数列的图象是一群孤立的点

2. 下列说法正确的是 ( )

A. 数列1,2,3,4和数列4,3,2,1是相同的数列

B. 数列−3,9,7,0,5,1的首项是−3

C. 数列−1,1,−1,1可以表示为{−1,1}

D. 数列0,2,4,6,8,…的第n项是$2n$

3. 下列各数中属于数列$\{2^n-3\}$中的项的是 ( )

A. 16　　B. 29　　C. 35　　D. 41

4. 已知数列$\{a_n\}$满足$a_n=2^n-1$,则$a_5=$__________.

5. 20是数列$\{n^2+n\}$中的第__________项.

6. 写出下列数列的一个通项公式,使它的前4项分别是下列各数:

(1) 1,4,7,10;

(2) $\frac{2^2+1}{2}$,$\frac{3^2+1}{3}$,$\frac{4^2+1}{4}$,$\frac{5^2+1}{5}$;

(3) 1,$\frac{1}{4}$,$\frac{1}{9}$,$\frac{1}{16}$.

7. 已知数列$\{a_n\}$中,$a_1=2$,$a_{17}=66$,且其通项公式a_n是关于n的一次函数,求其通项公式.

8. 已知数列$\{a_n\}$的通项公式为$a_n=-2n^2+29n+3$,求该数列中的最大项.

【数学文化】

数列与天文学

在人类历史上,数学计算可能会导致天文学家有新的发现. 观察数列0,3,6,12,24,48,96,192,384,768,…,我们会发现,从数列的第3项起,后一项是前一项的2倍. 若给数列的每一项加上4,就会得到一个新数列4,7,10,16,28,52,100,196,388,772,…,该数列从第2项起,通项公式为$a_n=3\times2^{n-1}+4$ $(n\geqslant2)$.

18世纪,数学家提丢斯将这个数列与行星和太阳之间的相对距离对应起来,得到了一个惊人的法则. 后来,这个法则引起了天文学家博德的注意,今称提丢斯-博德律. 提丢斯-博德律:若将数列的第3项作为日地距离,则太阳与水星、金星、地球、火星、-、木星、土星、天王星、海王星之间的相对距离分别是4,7,10,16,28,52,100,196,388. 这与实际距离十分接近(表6-1).

表6-1 提丢斯-博德律

行星	提丢斯数列	与太阳实际平均距离/(1/10天文单位)
水星	4	3.9
金星	7	7.2
地球	10	10.0
火星	16	15.2
—	28	—
木星	52	52.0
土星	100	95.3
天王星	196	192
海王星	388	301

备注 地球与太阳的实际距离为1.496×10^8 km,天文学家以此作为天文单位.

提丢斯数列的第5项是否对应一颗未曾发现的行星,它位于火星与木星的轨道之间? 英国天文学家赫歇尔于1781年发现了天王星,其与太阳的实际距离大致符合提丢斯-博德律,这就使得天文学家的信念大大增强.

1801年年初,意大利天文学家皮亚齐发现了谷神星,它与太阳之间的实际距离为2.8个天文单位,非常接近提丢斯数列的第5项.

【拓展应用】

《九章算术》中的《两鼠穿垣》道:“今有垣厚五尺,两鼠对穿.大鼠日一尺,小鼠亦日一尺.大鼠日自倍,小鼠日自半.问几何日相逢?各穿几何?”请同学们尝试从数列的角度进行解读.

6.2　等差数列

【学习目标】

1. 理解等差数列的概念.

2. 理解等差数列通项公式的含义,掌握等差数列的通项公式及前 n 项和公式,并学会用等差数列的通项公式及前 n 项和公式解决简单的实际问题.

【重点难点】

重点:等差数列的概念,等差数列的通项公式及前 n 项和公式.

难点:运用等差数列的通项公式及前 n 项和公式解决简单的实际问题.

【微课导学】

扫下面的二维码,学习微课"等差数列的概念与通项公式""等差数列的前 n 项和公式""等差数列典型例题分析".

【自主学习】

1. 一般地,如果一个数列从第 2 项起,每一项与它的前一项的__________都等于同一个常数,那么这个数列就叫作等差数列,这个常数叫作等差数列的__________,通常用字母 d 表示.

2. 判断证明:________________$\Leftrightarrow$数列$\{a_n\}$是等差数列.

3. 等差数列的通项公式:________________.

(1) 公式中涉及四个量,通过方程“知三求一”.

(2) 通项公式可以变换为 $d=$________________.

4. 如果 $d>0$,那么该数列为递__________数列;如果 $d<0$,那么该数列为递__________数列;如果 $d=0$,那么该数列为__________数列.

5. 等差数列的前 n 项和公式:

$S_n=$________________$=$__________________.

两个公式中涉及四个量,可以通过方程“知三求一”.

6. 对于任一数列$\{a_n\}$,其通项 a_n与它的前n 项和S_n之间的关系是____________________.

7. 下列数列是等差数列的是 ( )

A. $-5,1,7,11,\cdots$　　B. $0,2,4,6,\cdots$

C. $1,3,9,27,\cdots$　　D. $7,1,7,1,\cdots$

8. 数 $6,x,24$ 成等差数列,则 $x=$ ( )

A. 12　　B. 15　　C. 18　　D. 30

9. 若等差数列$\{a_n\}$中,$a_3=8,a_4=14$,则公差 d 等于 ( )

A. 6　　B. 14　　C. 8　　D. 20

【探究任务】

任务一

阅读材料,回答问题.

材料 1 北京天坛圜丘坛位于天坛南半部,坐北朝南,四周绕以红色宫墙,上饰绿色琉璃瓦,俗称“子墙”. 其地面石板数依次为:9,18,27,36,45,54,63,72,81.

材料 2 中国标准鞋码表是采用毫米数或厘米数为单位来衡量鞋的尺码大小. 1 码等于 5.5 厘米,计算公式:(鞋码+10)/2. 例如,我们常用的鞋码:37,38,39,40,41,42,43,44,45.

材料 3 “阿拉伯数字”(Arabic figures,又称印度数字)是由 0,1,2,3,4,5,6,7,8,9 共十个计数符号组成的. 阿拉伯数字最初由古印度人发明,后由阿拉伯人传向欧洲，之后再经欧洲人将其现代化. 阿拉伯数字的普及使得人们可以更轻松地记录、计算和传播信息，同时促进了不同文化之间的交流和融合.

问题 以上三个材料中的数列有哪些共同特点？请同学们尝试总结.

任务二

探究等差数列的通项公式.

一般地，设数列$\{a_n\}$是一个等差数列，首项为a_1，公差为d，则

$$a_2-a_1=d,$$

$$a_3-a_2=d,$$

$$a_4-a_3=d,$$

$$\cdots$$

$$a_{n-1}-a_{n-2}=d,$$

$$a_n-a_{n-1}=d.$$

累次相加，得

$$a_n-a_1=\underline{\qquad\qquad\qquad\qquad\qquad\qquad},$$

$$a_n=\underline{\qquad\qquad\qquad\qquad\qquad},n\geqslant 2,n\in\mathbf{N}_+.$$

而当$n=1$时，上式亦成立，故等差数列$\{a_n\}$的通项公式为

$$a_n=\underline{\qquad\qquad\qquad\qquad},n\in\mathbf{N}_+.$$

任务三

阅读材料,回答问题.

材料 泰姬陵(图 6-4)是印度知名度最高的古迹之一,被评选为“世界新七大奇迹”之一. 泰姬陵是印度穆斯林艺术最完美的瑰宝,是世界遗产中的经典杰作之一,被誉为“完美建筑”,又有“印度明珠”的美誉. 相传在泰姬陵中有一个镶嵌着大小相同宝石的三角形图案(图 6-5),共有 100 层,那么这个图案上共有多少颗宝石?

图 6-4

问题 小组合作,探究等差数列的前 n 项和公式.

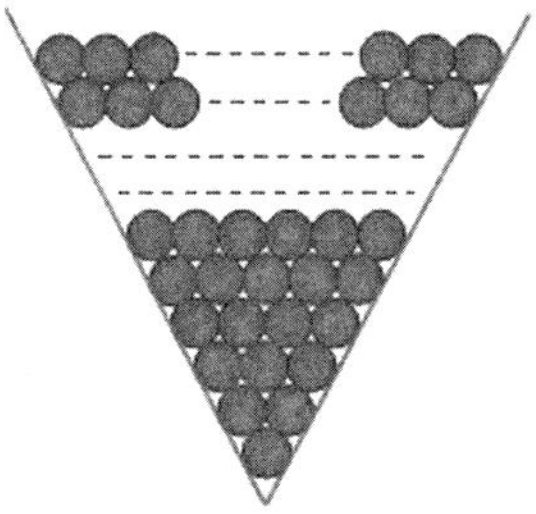

图 6-5

设 $\{a_n\}$ 是等差数列,S_n 表示它的前 n 项的和,则

$$S_n=a_1+a_2+a_3+\cdots+a_{n-1}+a_n.$$

倒序,有

$$S_n=\_\_\_\_\_\_\_\_\_\_\_\_\_\_\_\_.$$

将上述两式相加,得

$$2S_n=S_n+S_n$$

$$=\_\_\_\_\_\_\_\_\_\_\_\_\_\_\_\_\_\_\_\_\_\_\_\_$$

$$=\_\_\_\_\_\_\_\_\_\_\_\_\_\_\_\_\_\_\_\_\_\_\_\_.$$

由此得出等差数列的前 n 项和的公式为

$$S_n=\_\_\_\_\_\_\_\_\_\_\_\_\_\_\_\_.$$

将 $a_n=a_1+(n-1)d$ 代入上式,可得

$$S_n=\_\_\_\_\_\_\_\_\_\_=\_\_\_\_\_\_\_\_\_\_.$$

【典例解析】

例 1 已知数列 $\{a_n\}$ 中,$a_n=5n+4$,求证:数列 $\{a_n\}$ 是等差数列.

解 由题意知

$$a_{n+1}-a_n=[5(n+1)+4]-(5n+4)=5,n\in\mathbf{N}_+,$$

故数列 $\{a_n\}$ 是等差数列.

备注 证明一个数列为等差数列，可以用等差数列的定义 $a_{n+1}-a_n=d$ 进行证明.

例 2 已知数列 $\{a_n\}$ 的通项 $a_n=-2n+25$，前 n 项和 S_n 达到最大值时的 n 是多少？

解 方法 1 由题意知，数列 $\{a_n\}$ 是单调递减的等差数列，且 $a_1>0$，令

$$\begin{cases}a_n=-2n+25>0,\\ a_{n+1}=-2(n+1)+25<0,\end{cases}$$

解得 $\frac{23}{2}<n<\frac{25}{2}$. 由 $n\in\mathbf{N}_+$ 知 $n=12$.

故前 n 项和达到最大值时的 n 是 12.

方法 2 由题意知，数列 $\{a_n\}$ 是首项为 $a_1=23$ 的等差数列，故其前 n 项和为

$$S_n=\frac{n(a_1+a_n)}{2}=\frac{n[23+(-2n+25)]}{2}=-(n-12)^2+144,$$

故前 n 项和达到最大值时的 n 是 12.

备注 此题可以用两种方法解答：一是利用“邻项变号法”；另一种是将等差数列的前 n 项和式子灵活转化成二次函数，然后求最值.

【课后练习】

1. 等差数列 $\frac{7}{2},3,\frac{5}{2},2,\cdots$ 的通项公式 $a_n=$ （ ）

A. $\frac{1}{2}(7-n)$　　B. $\frac{1}{2}(4-n)$

C. $4-\frac{n}{2}$　　D. $7-\frac{n}{2}$

2. $2b=a+c$ 是 a,b,c 三数成等差数列的 （ ）

A. 充分条件　　B. 必要条件

C. 充要条件　　D. 既非充分又非必要条件

3. 等差数列 $\{a_n\}$ 中，若 $a_5+a_6=10$，则 S_{10} 等于 （ ）

A. 30　　B. 40　　C. 50　　D. 60

4. 数列 $\{a_n\}$ 的通项公式为 $a_n=n^2+n+1$，则 273 是这个数列的第

________项.

5. 在数 2 和 4 之间插入两个数,使它们成为等差数列,这两个数是________________.

6. 已知等差数列$\{a_n\}$的通项公式是$a_n=2n+1$,求S_{10}.

7. 已知数列$\{a_n\}$的通项$a_n=-5n+2$.

(1) 证明数列$\{a_n\}$是等差数列;

(2) 求S_{10}.

8. 等差数列$\{a_n\}$中,$a_n=-4n+24$,则数列$\{a_n\}$中前多少项的和最大?最大值是多少?

【数学文化】

图 6-6

高斯,德国著名数学家、物理学家、天文学家,毕业于格丁根大学.

高斯生于布伦瑞克. 1796 年,高斯证明了可用尺规作正十七边形. 1807 年,高斯成为格丁根大学教授和格丁根天文台台长. 1818—1826 年间,汉诺威公国的大地测量工作由高斯主导. 1840 年,高斯与韦伯一同画出世界上第一张地球磁场图.

高斯有一项非常重要的成就就是对数列快速求和. 1785 年,8 岁的小高斯在德国农村的一所小学里念一年级. 有一天,他的数学老师出了一道算术题:“你们算一算,1 加 2 加 3,一直加到 100 等于多少?”说完,他就坐在椅子上,用目光巡视着趴在桌上演算的学生. 不到一分钟的工夫,小高斯站了起来,手里举着小石板,说:“老师,我算出来了……”没等小高斯说完,老师就不耐烦地说:“不对! 重新再算!”

小高斯很快地检查了一遍,高声说:“老师,没错!”说着走下座位,把小石板伸到老师面前. 老师低头一看,只见上面端端正正地写着“5050”,不禁大吃一惊! 他简直不敢相信,面对这样复杂的数学题,一个 8 岁的孩子用不到一分钟的时间就算出了正确的得数. 要知道,他自己算了一个多小时,算了三遍才把这道题算对.

他怀疑以前别人让小高斯算过这道题,就问小高斯:“你是怎么算的?”小高斯回答说:“我不是按照 1,2,3 的次序一个一个往上加的. 老师,你看,一头一尾两个数的和都是一样的:1 加 100 是 101,2 加 99 是 101,3 加 98 也是 101……一前一后的数相加,一共有 50 个 101,101 乘 50,得到 5050.”

小高斯的回答令老师感到吃惊,因为他还是第一次知道有这种算法. 他惊喜地看着小高斯,好像刚刚才认识这个穿着破烂不堪的砌砖工人的儿子.

不久,老师专门买了一本数学书送给小高斯,鼓励他继续努力,还把小高斯推荐给当地教育局,使他得到免费教育的机会. 后来,高斯被认为是世界上最重要的数学家之一,享有“数学王子”的美誉.

【拓展应用】

某人从1月1日起,每月1日将1 000元存入银行,年利率为1.75%(按月计息),连存一年后,到第二年的1月1日,把存款连同利息一起取出. 问:此人可从银行取回多少钱?

6.3　等比数列

【学习目标】

1. 理解等比数列的概念.

2. 理解等比数列通项公式的含义,掌握等比数列的通项公式及前 n 项和公式,会用公式解决简单的实际问题.

【重点难点】

重点:等比数列的概念、通项公式及前 n 项和公式.

难点:等比数列的通项公式及前 n 项和公式的理解与运用.

【微课导学】

扫下面的二维码,学习微课“等比数列概念与通项公式”“等比数列的前 n 项和公式”“等比数列典型例题分析”.

【自主学习】

1. 一般地,如果一个数列 $\{a_n\}$ 从第 2 项起,每一项与它前一项的______都等于同一个________的常数,那么这样的数列称为等比数列,这个常数称为________,通常用字母 $q(q\neq0)$ 表示.

2. 已知以下数列都是等比数列,填写所缺的项,并求其公比.

(1) 5,____,____,625,…;

(2) $1,-\frac{3}{2}$,____,____,…;

(3) 2,____,____,2,…;

(4) 81,____,____,3,….

3. 判断下列数列是否是等比数列？若是，写出其首项及公比.

(1) 4,16,64,256,1 024;

(2) $\sqrt{2},2,2\sqrt{2},4,\cdots$;

(3) $1,-1,1,-1,\cdots$;

(4) $-\frac{1}{3},\frac{1}{9},-\frac{1}{27},\frac{1}{81},-\frac{1}{243}$.

4. 等比数列$\{a_n\}$的通项公式是________________.

5. 等比数列$\frac{8}{3},4,6,9,\cdots$的通项公式是________________.

6. 若三个数$4,x,16$成等比数列，则$x=$________.

7. 若数列$\{a_n\}$满足$a_n=c$(c为不为0的常数)，则该数列既是______数列，也是______数列；反之亦然.

8. 等比数列的前n项和公式：

$S_n=$__________________$=$__________________.

9. 已知等比数列$\{a_n\}$中，$a_2=2,a_5=53$，则$q=$______，$S_5=$______.

【探究任务】

任务一

阅读下列材料，回答问题.

材料 贵州以秀美的山川闻名遐迩. 适宜的气候、充沛的雨水、肥沃的土地，不仅滋养出了刺梨、杨梅、火龙果等水果，贵州人经年累月的勤劳与智慧更是造就了凯里红酸汤、遵义辣椒酱、高山云雾茶等特色风味. 如今电商“山货上头条”助农项目深入黔地，在平台内上线“风味贵州”专区，并携手当地新农人和农货商家，通过直播、短视频、货架展示等方式，助力“贵州味道”出山达海. 经过电商助农的加持后，某农货商家的贵州腊肉销量得到了明显改善.

问题1　假设该商家第一天销量为10袋,第二天销量为30袋,第三天销量为90袋,第四天销量为270袋……第10天的销量如何?

问题2　试用文字描述上述问题中构成的数列的特点.

任务二

小组讨论,探究等比数列的通项公式.

一般地,设等比数列 $a_1, a_2, a_3, a_4, \cdots, a_n, \cdots$ 的公比为 q,则

$a_2=a_1\cdot q, a_3=a_2\cdot q, a_4=a_3\cdot q, \cdots, a_{n-1}=a_{n-2}\cdot q, a_n=a_{n-1}\cdot q$,

由 $a_n\neq 0$ 知

$$\frac{a_2}{a_1}=q, \frac{a_3}{a_2}=q, \frac{a_4}{a_3}=q, \cdots, \frac{a_{n-1}}{a_{n-2}}=q, \frac{a_n}{a_{n-1}}=q,$$

累次相乘,得

$$\frac{a_n}{a_1}=\underline{\qquad\qquad\qquad\qquad\qquad\qquad},$$

$$a_n=\underline{\qquad\qquad\qquad\qquad},n\geqslant 2,n\in\mathbf{N}_+.$$

而当 $n=1$ 时,上式亦成立,故等比数列 $\{a_n\}$ 的通项公式为

$$a_n=\underline{\qquad\qquad\qquad},n\in\mathbf{N}_+.$$

任务三

小组讨论,探究等比数列的前 n 项和公式.

设 $\{a_n\}$ 是一个公比为 q 的等比数列,S_n 表示它的前 n 项和,则

$$S_n=a_1+a_2+a_3+\cdots+a_{n-1}+a_n.$$

即

$$S_n=a_1+a_1\cdot q+a_1\cdot q^2+a_1\cdot q^3+\cdots+a_1\cdot q^{n-2}+a_1\cdot q^{n-1}.$$

上式两边同乘以 q,得

$$q\cdot S_n=\underline{\qquad\qquad\qquad\qquad\qquad\qquad\qquad\qquad}.$$

上述两式相减,得

$$(1-q)S_n=\underline{\qquad\qquad\qquad\qquad}.$$

当 $q\neq 1$ 时,$S_n=$________________.

因为 $a_1\cdot q^n=a_1\cdot q^{n-1}\cdot q=a_n\cdot q$,所以上式还可以写成

$$S_n=\underline{\qquad\qquad\qquad}.$$

当 $q=1$ 时,$S_n=na_1$.

所以,等比数列的前 n 项和公式为

当 $q\neq 1$ 时,$S_n=$________________;当 $q=1$ 时,$S_n=$________________.

或

当 $q\neq 1$ 时,$S_n=$________________;当 $q=1$ 时,$S_n=$________________.

【典例解析】

例 1 已知四个正数成等比数列,其积是 16,中间两数之和是 5,求这四个数.

解 由题意,设这四个数是$\frac{a}{q^3}$,$\frac{a}{q}$,$a\cdot q$,$a\cdot q^3$($a\neq 0$,$q\neq 0$),由题设知

$$\begin{cases}\frac{a}{q^3}\cdot\frac{a}{q}\cdot a\cdot q\cdot a\cdot q^3=16,\\ \frac{a}{q}+a\cdot q=5,\end{cases}$$

解得

$$\begin{cases}a=2,\\ q=2\text{ 或}\frac{1}{2}\end{cases}\text{ 或 }\begin{cases}a=-2,\\ q=-2\text{ 或}-\frac{1}{2},\end{cases}$$

故这四个数是$\frac{1}{4}$,1,4,16 或 16,4,1,$\frac{1}{4}$.

备注 若三个数成等比数列,这三个数一般可以设成

$$\frac{a}{q},a,a\cdot q\text{ 或 }a,a\cdot q,a\cdot q^2\ (a\neq 0,q\neq 0);$$

若四个数成等比数列，这四个数一般可以设成

$$\frac{a}{q},a,a\cdot q,a\cdot q^2 \text{或} a,a\cdot q,a\cdot q^2,a\cdot q^3 (a\neq 0,q\neq 0).$$

例 2 已知数列$\{a_n\}$是等比数列.

(1) 若 $a_2=6,a_5=48$,求 a_{10};

(2) 若 $a_n=\left(\frac{1}{3}\right)^n$,求 S_5.

解 (1) 根据 $a_n=a_1\cdot q^{n-1}$,得

$$\begin{cases}a_1\cdot q=6,\\a_1\cdot q^4=48,\end{cases}$$

解得 $a_1=3,q=2$. 所以 $a_n=a_1\cdot q^{n-1}=3\cdot 2^{n-1}$,因此

$$a_{10}=a_1\cdot q^{10-1}=3\times 2^9=3\times 2^9=1\ 536.$$

(2) 由题意得,$a_1=\frac{1}{3},a_2=\frac{1}{9},a_5=\left(\frac{1}{3}\right)^5=\frac{1}{243},q=\frac{a_2}{a_1}=\frac{1}{3},n=5.$

根据 $S_n=\frac{a_1-a_n\cdot q}{1-q}$,得

$$S_5=\frac{\frac{1}{3}-\frac{1}{3}\times\frac{1}{243}}{1-\frac{1}{3}}=\frac{121}{243}.$$

备注 掌握等比数列的通项公式 $a_n=a_1\cdot q^{n-1}$ 及前 n 项和公式 $S_n=\frac{a_1-a_n\cdot q}{1-q}$ 是解题的关键.

例 3 已知数列$\{a_n\}$的通项公式是 $a_n=n\cdot 3^{n-1}$,求该数列的前 n 项和.

解 由题设知

$$\begin{aligned}S_n&=a_1+a_2+a_3+a_4+\cdots+a_{n-1}+a_n\\&=1\times 1+2\times 3+3\times 3^2+4\times 3^3+\cdots+(n-1)\cdot 3^{n-2}+n\cdot 3^{n-1}.\end{aligned}$$

上式两边同乘以 3,得

$$\begin{aligned}3S_n&=a_1\cdot 3+a_2\cdot 3+a_3\cdot 3+\cdots+a_{n-2}\cdot 3+a_{n-1}\cdot 3+a_n\cdot 3\\&=1\times 3+2\times 3^2+3\times 3^3+\cdots+(n-2)\cdot 3^{n-2}+(n-1)\cdot 3^{n-1}+n\cdot 3^n.\end{aligned}$$

上述两式相减,得

$$-2S_n=1+3+3^2+3^3+\cdots+3^{n-2}+3^{n-1}-n\cdot 3^n$$

$$=\frac{1-3^{n-1}\cdot 3}{1-3}-n\cdot 3^n=\frac{(1-2n)3^n-1}{2},$$

故该数列的前 n 项和为 $S_n=\dfrac{1+3^n\cdot(2n-1)}{4}$.

备注 错位相减法的三个步骤:

① 乘比:$S_n\to qS_n$;

② 错位:

$$1\times1+2\times3+3\times3^2+4\times3^3+\cdots+(n-1)\cdot3^{n-2}+n\cdot3^{n-1},$$

$$1\times3+2\times3^2+3\times3^3+\cdots+(n-2)\cdot3^{n-2}+(n-1)\cdot3^{n-1}+n\cdot3^n.$$

③ 两式相减.

【课后练习】

1. $a_{n+1}=a_nq$ 是数列$\{a_n\}$成等比数列的 ( )

A. 充分条件　B. 必要条件

C. 充要条件　D. 既非充分又非必要条件

2. 在等比数列$\{a_n\}$中,$a_1=1$,$a_k=243$,$q=3$,则 S_k的值是 ( )

A. 128　B. 364　C. -364　D. 512

3. 等比数列$\{a_n\}$的前三项为 x,$2x+2$,$3x+3$,则 $a_4=$__________.

4. 等比数列$\{a_n\}$的前 n 项和为 S_n,且 $4a_1$,$2a_2$,a_3成等差数列,若 $a_1=1$,则 S_4等于 ( )

A. 7　B. 8　C. 15　D. 16

5. 数列$\{a_n\}$的前 n 项和为 S_n,且 $S_n=\dfrac{1}{3}(a_n-1)$.

(1) 求 a_1,a_2,a_3;

(2) 证明:数列$\{a_n\}$是等比数列,并求出其通项公式.

6. 已知等比数列$\{a_n\}$的前n项和为$S_n=3^n+k$,求实数k的值.

7. 已知等比数列$\{a_n\}$中,$a_1+a_n=66$,$a_2\cdot a_{n-1}=128$,$S_n=126$,求公比q及项数n.

【数学文化】

分形理论是当今世界十分风靡和活跃的新理论、新学科. 其中,把部分与整体以某种方式相似的形体称为分形. 分形是一种具有自相似特性的现象、图象或者物理过程. 标准的自相似分形是数学上的抽象,它迭代生成无限精细的结构. 也就是说,在分形中,每一组成部分都在特征上和整体相似,仅仅是变小了一些而已. 谢尔宾斯基三角形就是一种典型的分形,是由波兰数学家谢尔宾斯基在1915年提出的. 它是按照如下规律依次在一个黑色三角形内去掉小三角形(图6-7).

图 6-7

生活中的分形无处不在,如空中闪电与菜花. 分形几何不仅展示了数学之美,也揭示了世界的本质,还改变了人们理解自然奥秘的方式;可以说分形几何是真正描述大自然的几何学,对它的研究也极大地拓展了人类的认知范围. 分形几何学作为当今世界十分风靡和活跃的新理论、新学科,它的出现,使人们重新审视这个世界:世界是非线性的,分形无处不在. 分形几何学不仅让人们感悟到科学与艺术的融合、数学与艺术审美的统一,而且还有其深刻的科学方法论意义.

生活中你见过哪些分形现象呢? 请举例说明.

【拓展应用】

《算法统综》全称《新编直指算法统宗》,是中国古代数学名著,由程大位著,成书于明朝万历二十年(1592). 该书共十二卷本,介绍珠算盘式图、珠算各种算法口诀等,又有方田、粟米、衰分、少广、商功、均输、盈不足、方程、勾股等多种传统算法.《算法统宗》是一部应用数学书,以珠算为主要的计算工具,评述了珠算规则,完善了珠算口诀,确立了算盘用法,完成了由筹算到珠算的彻底转变.

至民国时期,《算法统宗》出现了很多不同的翻刻本、改编本,民间还有各种抄本流传,对我国民间普及珠算和数学知识起了很大的作用. 明末,日本人毛利重能将《算法统宗》译成日文,开日本"和算"先河. 清初,该书又传入朝鲜、东南亚和欧洲,成为东方古代数学的名著.

《算法统宗》中有这样一个问题:"三百七十八里关,初行健步不为难. 次日脚痛减一半,六朝才得至其关. 要知每朝行里数,请公仔细算相还."其大意为:"要走到 378 里远的边关去,开始时健步如飞,走得很快,到第二天脚痛难行,以后每一天走的路程都比前一天减少一半,就这样走了 6 天后到达目的地,求各天走的路程,请你解答一下."

6.4 数列的实际应用

【学习目标】

1. 掌握以数列为数学本质的实际应用问题，如增长率问题、复利计算问题等.

2. 掌握利用数列的基础知识来解决实际问题的方法，提高对数学的学习兴趣.

【重点难点】

重点：从实际问题中发现并建立等差、等比数列这两种数学模型，运用模型解决实际问题.

难点：理解数学建模中将实际问题抽象、转化为数学问题的一般方法.

【微课导学】

扫下面的二维码，学习微课“数列的实际应用”.

【自主学习】

1. 某种细菌在培养过程中每 20 min 分裂一次，一个分裂为两个，经过 3 h，这种细菌由 1 个可繁殖为 (　　)

A. 511 个　　B. 512 个　　C. 1 023 个　　D. 1 024 个

2. 我国古代数学名著《算法统宗》中有如下问题：“远望巍巍塔七层，红光点点倍加增,共灯三百八十一,请问尖头几盏灯?"意思是:一座 7 层塔共挂了 381 盏灯,且相邻两层中的下一层灯数是上一层灯数的 2 倍,则塔的顶层共有灯 ( )

A. 1 盏　　B. 3 盏　　C. 5 盏　　D. 9 盏

3. 河南洛阳的龙门石窟是中国石刻艺术宝库之一,现为世界文化遗产.龙门石窟与莫高窟、云冈石窟、麦积山石窟并称中国四大石窟.在龙门石窟的某处"浮雕象"共有 7 层,每一层的数量是它下一层的 2 倍,这些"浮雕象"构成一幅优美的图案.已知该处共有 1 016 个"浮雕象",则正中间那层的"浮雕象"的数量为 ( )

A. 508　　B. 256　　C. 128　　D. 64

4. 1852 年,英国来华传教士伟烈亚力将《孙子算经》中"物不知数"问题的解法传至欧洲. 1874 年,英国数学家马西森指出此法符合 1801 年由高斯得到的关于同余式解法的一般性定理,因而西方称之为"中国剩余除法定理"."中国剩余除法定理"讲的是一个关于整除的问题.现有这样一个整除问题:将 1 到2 021 这 2 021 个数中,能被 3 除余 1 且被 7 除余 1 的数按从小到大的顺序排成一列,构成数列$\{a_n\}$,则 a_{10} 等于 ( )

A. 190　　B. 211　　C. 232　　D. 253

5. 已知数列$\{a_n\}$的通项公式为 $a_n=4n-102$,那么数列从第________项开始值大于零.

【探究任务】

任务一

阅读材料 1,试通过回答问题,建立出租车计费模型.

材料 1　某市出租车的计价标准为 1.2 元/km,起步价为 10 元,即最初的 4 km(不含 4 km)计费 10 元.

问题 1　如果某人乘坐该市的出租车去往 14 km 处的目的地,且一路畅通,等候时间为 0,那么需支付多少车费?

问题 2　若某人乘坐该市的出租车去往 18.5 km 处的目的地(不足

1 km,按 1 km 计费),且一路畅通,等候时间为 0,那么需支付多少车费?

问题 3　在本例中,若某人乘坐该市的出租车去往 n km($n\in\mathbf{N}_+$)处的目的地,等候时间为 0,求其需支付的车费 a_n.

任务二

阅读材料 2,试通过回答问题,建立投资模型.

材料 2　假设你有一笔资金用于投资,现有三种投资方案供你选择,这三种方案的回报如下:

方案一:每天回报 40 元.

方案二:第一天回报 10 元,以后每天比前一天多回报 10 元.

方案三:第一天回报 0.4 元,以后每天的回报比前一天翻一番.

记三种方案第 n 天的回报分别为 a_n,b_n,c_n.

问题 1　根据数列的定义,判断数列 $\{a_n\},\{b_n\},\{c_n\}$ 的类型,并据此写出三个数列的通项公式.

问题 2　小王准备做一个为期 10 天的短期投资,他应该选择哪一种投资方案?并说明理由.

【典例解析】

例 1 某公司经销一种数码产品,第一年可获利 200 万元,从第二年起由于市场竞争方面的原因,其利润每年比上一年减少 20 万元,按照这一规律,如果公司不开发新产品,也不调整经营策略,从哪一年起,该公司经销这一产品将亏损?

解 设从第一年起,第 n 年的利润为 a_n 万元,则

$$a_1=200,a_{n+1}-a_n=-20(n\in\mathbf{N}_+),$$

所以,每年的利润构成一个等差数列 $\{a_n\}$,从而

$$a_n=a_1+(n-1)d=200+(n-1)\times(-20)=220-20n.$$

若 $a_n<0$,则该公司经销这一产品将亏损.

所以,由 $a_n=220-20n<0$,得 $n>11$,即从第 12 年起,该公司经销此产品将亏损.

备注 经分析,该问题为等差数列,然后建立数学模型.

例 2 某工厂制定了五年发展规划.若第一年的产值是 1 200 万元,计划每年增长 20%,问:五年的总产值是多少万元?

解 设第 n 年的产值用 a_n 表示,每年递增率为 20%,则

$$a_1=1\ 200,$$
$$a_2=1\ 200\times(1+20\%),$$
$$a_3=1\ 200\times(1+20\%)^2,$$
$$a_4=1\ 200\times(1+20\%)^3,$$
$$a_5=1\ 200\times(1+20\%)^4.$$

因此 $\{a_n\}$ 是公比为 $q=1.2$,首项为 $a_1=1\ 200$ 的等比数列.

依题意,五年的总产值为 S_5,则

$$S_5=\frac{a_1(1-q^5)}{1-q}=\frac{1\ 200\times(1-1.2^5)}{1-1.2}=8\ 929.92.$$

所以五年的总产值是 8 929.92 万元.

备注 经分析,该问题为等比数列,然后建立数学模型.

例 3 某人从 1 月 1 日起,每月 1 日将 1 000 元存入银行,银行年利率为 6%(按月计息),利息税为 20%,连存了一年后,到第二年的 1 月 1 日,把存款

连同利息一起取出.问:此人可从银行取回多少钱?

解 由年利率为6%,得月利率为$6\%\times\frac{1}{12}$.

第一月存入银行的1 000元,到期的利息为$1\,000\times6\%\times\frac{1}{12}\times12$元;

第二月存入银行的1 000元,到期的利息为$1\,000\times6\%\times\frac{1}{12}\times11$元;

……

第十二月存入银行的1 000元,到期的利息为$1\,000\times6\%\times\frac{1}{12}\times1$元.

这些利息构成了首项为$1\,000\times6\%\times\frac{1}{12}\times12$,末项为$1\,000\times6\%\times\frac{1}{12}\times1$的等差数列.它们的和为

$$\frac{1}{2}\times\left(1\,000\times6\%\times\frac{1}{12}\times12+1\,000\times6\%\times\frac{1}{12}\times1\right)\times12=390(\text{元}),$$

即总利息,而利息税为20%,所以应交税款为

$$390\times20\%=78(\text{元}),$$

税后的利息为

$$390-78=312(\text{元}).$$

本利和为

$$1\,000\times12+312=12\,312(\text{元}).$$

因此,到第二年的1月1日,此人可从银行连本带利取回12 312元.

【课后练习】

1. 跑步是一项有氧运动,通过跑步,我们能提高肌力,同时提高体内的基础代谢水平,加速脂肪的燃烧,养成易瘦体质.小林最近给自己制订了一个200 km的跑步健身计划,他第一天跑了8 km,以后每天比前一天多跑0.5 km,则他要完成该计划至少需要 ( )

A. 16天 B. 17天

C. 18天 D. 19天

2. 某森林原有木材量为a m^3,每年以25%增长,5年后,这片森林共有木

材量为 ( )

A. $a(1+25\%)^5$ B. $a(1+25\%)^4$

C. $4a\left[\left(\frac{5}{4}\right)^5-1\right]$ D. $a(1+25\%)^6$

3. 在天然气和煤气还未普及时,农民通常会用水稻秸秆作为生火做饭的材料. 每年水稻收割结束之后,农民都会把水稻秸秆收集起来,然后堆成草堆,供生火做饭使用. 通常他们堆草堆的时候都是先把秸秆先捆成一捆一捆的,然后堆成下面近似成一个圆柱体,上面近似成一个圆锥体的形状(图 6-8). 假设圆柱体堆了 7 层,每层所用的小捆草数量相同,上面收小时,每层小捆草数量是下一层的$\frac{1}{2}$. 若共用 255 捆,最上一层只有一捆,则草堆自上往下共有 ( )

图 6-8

A. 13 层 B. 12 层 C. 11 层 D. 10 层

4. 《九章算术》有如下问题:"今有金箠,长五尺. 斩本一尺,重四斤. 斩末一尺,重二斤. 问次一尺各重几何?"意思是:"现在有一根金箠,长五尺,一头粗,一头细,在粗的一端截下一尺,重 4 斤(1 斤为 500 g);在细的一端截下一尺,重 2 斤,问各尺依次重多少?"按这一问题的题设,假设金箠由粗到细各尺质量依次成等差数列,则从粗端开始的第二尺的质量为 ( )

A. $\frac{7}{3}$斤 B. $\frac{7}{2}$斤

C. $\frac{5}{2}$斤 D. 3 斤

5. 某厂去年产值为 a,计划在 5 年内每年比上一年的产值增长 10%,从今年起 5 年内,该厂的总产值为__________.

6. 某住宅小区计划植树不少于 100 棵,若第一天植 2 棵,以后每天植树的棵数是前一天的 2 倍,则需要的最少天数 $n(n\in \mathbf{N}_+)$ 等于__________.

7. 如图 6-9 所示，张家界百龙观光电梯运行速度为 3 m/s. 现在电梯从高 154 m 处向上运行，高 325 m 处为终点，每秒计数一次，写出由每秒电梯高度构成的数列. 这个数列的第 20 项是多少？你能写出这个数列的通项公式吗？

图 6-9

8. 甲、乙两人连续 6 年对某县农村养鸡业规模进行调查，提供两个不同的信息图，如图 6-10 所示. 甲调查表明：从第 1 年每个养鸡场出产 1 万只鸡上升到第 6 年平均每个养鸡场出产 2 万只鸡. 乙调查表明：由第 1 年养鸡场个数 30 个减少到第 6 年 10 个.

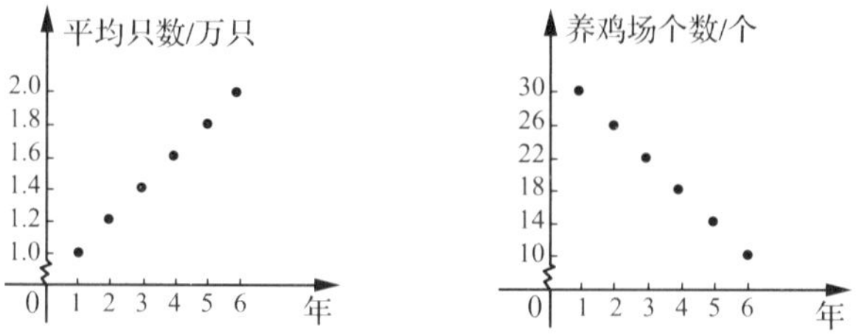

图 6-10

请你根据提供的信息回答问题.

(1) 第 2 年养鸡场的个数及全县出产鸡的总只数；

(2) 到第 6 年这个县的养鸡业规模比第 1 年是扩大了还是缩小了？请说明理由.

【数学文化】

斐波那契数列

1202 年,27 岁的意大利数学家斐波那契将其所学写进《计算之书》(*Liber Abaci*). 这本书通过在记账、重量计算、利息、汇率等方面的应用,显示了新数字系统的实用价值,大大影响了欧洲人的思想. 在 1228 年的修订本中记载了很多有趣的问题. 1250 年,斐波那契去世,以后的几百年中,由于连年战乱,欧洲数学家没有社会环境研究数学,斐波那契的这部不朽著作也暂时受到了冷落. 直到 300 年后人们才开始关注他的这部著作,并对书中一个貌似平凡,背后却隐含着一个伟大世界的"兔子繁殖问题"产生了浓厚的兴趣.

斐波那契在《计算之书》中提出了一个有趣的兔子繁殖问题:若一对成年兔子每个月恰好生下一对小兔子(一雌一雄). 在年初时,只有一对小兔子. 在第一个月结束时,他们成长为成年兔子,并且在第二个月结束时,这对成年兔子将生下一对小兔子. 这种成长与繁殖的过程会一直持续下去,并假设生下的小兔子都不会死,那么一年之后共有多少对小兔子?

繁殖的过程可以通过一棵"家族树"来表示:

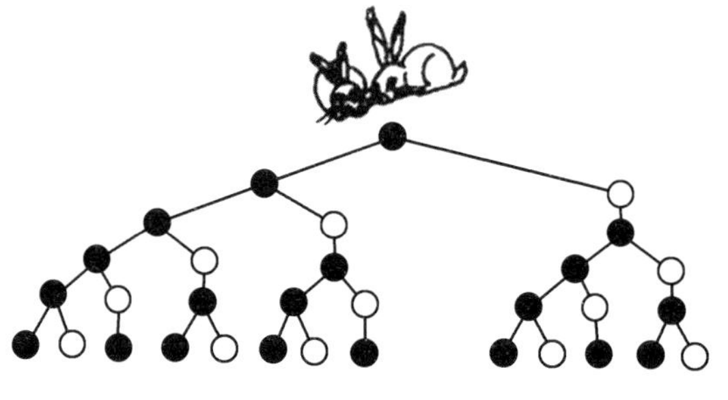

图 6-11

让我们来推算一下在第五个月结束时兔子的总数:

第 1 个月:只有 1 对兔子.

第 2 个月:兔子没有长成,仍然只有 1 对兔子.

第 3 个月:这对兔子生了 1 对小兔子,这时共有 2 对小兔子.

第 4 个月:老兔子又生了 1 对小兔子,而上个月出生的兔子还未成年,这时共有 3 对兔子.

第 5 个月:这时已有 2 对兔子可以繁殖,于是生了 2 对兔子,这时共有 5 对兔子.

如此推算下去,我们不难得出如表 6-2 所示的结果.

表 6-2 兔子数

月份	1	2	3	4	5	6	7	8	9	10	11	12	13	…
兔子数/对	1	1	2	3	5	8	13	21	34	55	89	144	233	…

从表 6-2 中可知,一年后(第 13 个月时)共有 233 对兔子. 这就是说,在短短的一年时间内,一对兔子就能自由地繁殖成 233 对兔子,这是多么惊人的繁衍速度啊!

如此往复,是否要一直这样麻烦地推算下去呢? 不妨让我们仔细寻找一下这些数字之间的关系,可得出

$$\text{第 } n \text{ 个月的兔子总数} = \text{第}(n-1)\text{个月的兔子总数} + \text{第}(n-2)\text{个月的兔子总数}.$$

著名的斐波那契数列(又称“兔子数列”)可以生成螺旋形状线. 大自然中的花朵、螺的形状都与其有关,我们手机 App 的圆角矩形也与之相关(图 6-12). 著名的斐波那契数列的极限正是黄金分割数,故其又称黄金分割数列.

图 6-12

【拓展应用】

大自然中无不体现着数学之美,图 6-13 中的雪花形状值得研究一番.

图 6-13

数学中我们定义"雪花"为"科赫雪花". 它的生长规则是:

如图 6-14 所示,从一个正三角形出发,把每条边三等分,然后以各边的中间部分$\frac{1}{3}$的长度为底边,分别向外作正三角形,再把底边线段抹掉,得到一个"六角星";再把每条边三等分,以各中间部分的长度为底边,向外作正三角形后,抹掉底边线段. 反复进行这一过程,就会得到一个类似于雪花的图形. 我们将这种雪花称为"科赫雪花".

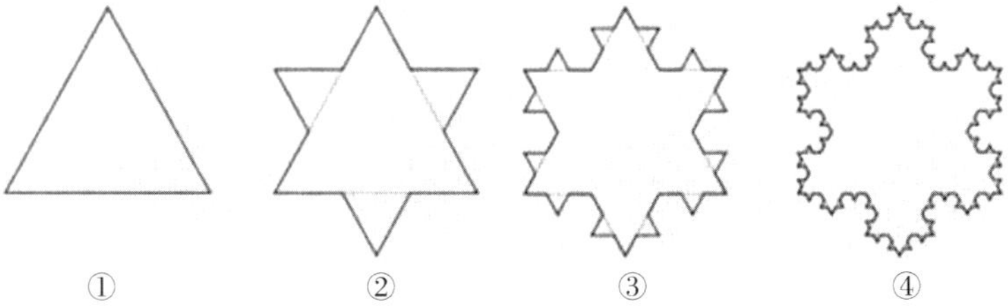

图 6-14

尝试用含有 n 的代数式表示出第 n 个图形的边数 a_n.

自我检测

一、选择题

1. 数列$\frac{1}{1\times2}$,$\frac{1}{2\times3}$,$\frac{1}{3\times4}$,$\frac{1}{4\times5}$的第 7 项是 ( )

A. $\frac{1}{42}$　B. $\frac{1}{48}$　C. $\frac{1}{56}$　D. $\frac{1}{63}$

2. 已知数列的通项公式为 $a_n=(-1)^n\frac{n}{3n+1}$,则它的第 5 项为 ( )

A. $-\frac{16}{5}$　B. $-\frac{5}{16}$　C. $\frac{5}{16}$　D. $\frac{16}{5}$

3. 下列四个数中是数列$\{n(n+1)\}$中的一项的是 ( )

A. 17　B. 32　C. 39　D. 380

4. 在数列 1,1,2,3,5,8,13,x,34,55,…中,x 的值是 ( )

A. 19　B. 20　C. 21　D. 22

5. 下列数列是等差数列的是 ( )

A. −5,1,7,11,…　B. 0,2,4,6,…

C. 1,3,9,27,…　D. 7,1,7,1,…

6. 数 6,x,24 成等差数列,则 x= ( )

A. 12　B. 15　C. 18　D. 30

7. 若等差数列$\{a_n\}$中,$a_3=8$,$a_5=20$,则公差 d 等于 ( )

A. 6　B. 14　C. 8　D. 20

8. 2+4+6+…+30= ( )

A. 60　B. 120　C. 240　D. 480

9. 在等差数列$\{a_n\}$中,$a_2+a_3+a_{98}+a_{99}=20$,则 S_{100}= ( )

A. 1 000　B. 500　C. 250　D. 50

10. 下列数列不是等比数列的是 ( )

A. 1,1,1,1　B. −1,2,4,−8

C. $\frac{1}{8}$,$-\frac{1}{4}$,$\frac{1}{2}$,−1　D. $\frac{3}{2}$,−1,$\frac{2}{3}$

11. 若等比数列$\{a_n\}$中,$a_1=-4$,$q=\frac{1}{2}$,则a_4等于 ( )

A. $\frac{1}{2}$ B. $-\frac{1}{4}$ C. $-\frac{1}{2}$ D. -2

12. 若等比数列$\{a_n\}$中,$a_2=4$,$a_5=\frac{1}{2}$,则公比q等于 ( )

A. 4 B. 16 C. $\frac{1}{2}$ D. $\frac{63}{4}$

13. 若等比数列$\{a_n\}$中,$a_1=\frac{1}{2}$,公比$q=-1$,则$S_8=$ ( )

A. $\frac{1}{2}$ B. $-\frac{1}{2}$ C. 0 D. 1

14. 有一堆粗细均匀的圆木,堆成梯形,最上面的一层有5根圆木,每向下一层增加一根,一共堆了28层,则最下面的一层共有圆木 ( )

A. 30根 B. 31根 C. 32根 D. 33根

15. 某剧院有20排座位,后一排都比前一排多2个座位,最后一排有70个座位,这个剧院一共有座位 ( )

A. 1 100个 B. 1 020个

C. 1 000个 D. 1 080个

二、填空题

1. 数列$\frac{1}{2},\frac{2}{3},\frac{3}{4},\frac{4}{5},\cdots$的一个通项公式是__________.

2. 数列$\{a_n\}$中,$a_1=0$,$a_{n+1}=a_n+(2n+1)(n\in\mathbf{N}_+)$,则$a_2=$______,$a_3=$______,$a_4=$______.

3. 56是数列$\{n^2+3n+2\}$的第______项.

4. 等差数列2,9,16,23,30的首项是______,公差是______.

5. 在数2和8之间插入两个数,使它们成为等差数列,这两个数是__________.

6. 等比数列$\frac{1}{2},-\frac{1}{4},\frac{1}{8},-\frac{1}{16}$的首项是______,公比是______.

7. 等比数列2,6,18,54,…的通项公式为__________.

8. 三个数3,x,27成等比数列,则$x=$______.

9. 等比数列$\frac{1}{2}$,$\frac{1}{4}$,$\frac{1}{8}$,…的前 6 项和是__________.

10. 某工厂制定了五年发展规划,若第一年的产值是 1 000 万元,计划每年递增 10%,则五年的总产值是________万元.

三、解答题

1. 已知数列的通项公式为 $a_n=\frac{(-1)^n+1}{2}$,求出数列的前 5 项.

2. 写出以下数列的一个通项公式.

(1) 数列$\{a_n\}$:1,$\frac{1}{2}$,$\frac{1}{3}$,$\frac{1}{4}$,$\frac{1}{5}$,…;

(2) 数列$\{b_n\}$:−1,1,−1,1,….

3. 已知等差数列$\{a_n\}$中,$a_5=6$,$a_8=15$,求a_{14}.

4. 已知数列$\{a_n\}$的通项$a_n=-5n+2$.

(1) 证明数列$\{a_n\}$是等差数列;

(2) 求S_{10}.

5. 下列数列是否是等比数列?若是,写出其首项及公比.

(1) 5,25,125,625,3 125;

(2) $1,\sqrt{2},2,2\sqrt{2},4$;

(3) $-\frac{1}{3},\frac{1}{9},-\frac{1}{27},\frac{1}{81},-\frac{1}{243}$.

6. 谢尔宾斯基三角形：黑色三角形的个数依次构成一个数列的前5项（图6-15）.

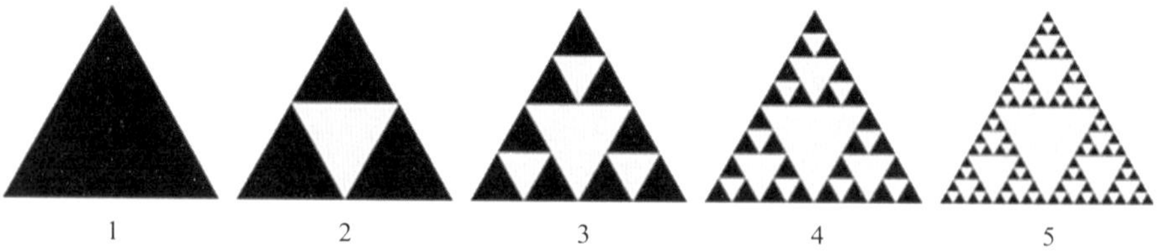

图 6-15

（1）请写出这个数列的前5项；

（2）请写出这个数列的一个通项公式.

7. 已知数列$\{a_n\}$中，$a_1=2$，$a_{n+1}=\dfrac{1}{2}a_n$，求：

（1）数列$\{a_n\}$的通项公式；

（2）数列$\{a_n\}$的前5项和S_5.

8. 某企业去年的生产总值是 138 万元,计划从今年起 5 年内每年比上一年产值增长 15 万元.求从今年起到第 5 年这个企业的年总产值.

第 7 章　平面向量

7.1　平面向量的概念

【学习目标】

1. 了解平面向量及有关概念,会用有向线段和字母表示向量.

2. 理解相等向量、相反向量、共线向量的条件,能识别给定向量是否为相等向量、相反向量、共线向量.

【重点难点】

重点:向量及相关概念,向量的表示,共线向量的概念及判断.

难点:向量的两个要素及向量的表示,共线向量的概念.

【微课导学】

扫下面的二维码,学习微课"平面向量:概念、表示、模""平面向量的相等、相反、平行".

【自主学习】

1. 平面向量的概念.

既有________又有________的量称为向量.

2. 平面向量的表示.

(1) 字母表示:_______________ 等.

(2) 几何表示:用一条__________ 来表示向量.

3. 向量的模.

向量的__________称为向量的模,向量$\overrightarrow{AB}$的模记作______,向量 $\boldsymbol{a}$ 的模记作______.

4. 两个特殊向量.

零向量:模为______ 的向量称为零向量,记作________,零向量的方向是__________.

单位向量:模为________的向量称为单位向量,单位向量有______个.

$\mathbf{0}$与 0 的区别:____________________.

5. 向量之间的关系.

(1) 相等向量:模________且方向________的两个向量称为相等向量,向量 $\boldsymbol{a}$ 与 $\boldsymbol{b}$ 相等时,记作________.

(2) 相反向量:与非零向量 $\boldsymbol{a}$ 的模________且方向________的向量称为 $\boldsymbol{a}$ 的相反向量,记作________.

规定:零向量的相反向量是________.

(3) 共线向量:方向____________的两个非零向量称为共线向量(或平行向量),当向量 $\boldsymbol{a}$ 与 $\boldsymbol{b}$ 平行时,记作________.

规定:零向量与任何一个向量________,记作________.

6. 下列各量是向量的是　(　　)

A. 密度　B. 温度　C. 体积　D. 重力

【探究任务】

任务一

阅读以下材料，探究问题：

材料　随着我国综合国力的不断增强，我国海军装备事业发展迅速，一批新型舰艇陆续下水试航．如图 7-1 所示，为测试某型号舰艇的性能，S 舰从 A 点沿东北方向航行 100 nmile(1 nmile＝1.852 km)到达 B 点．

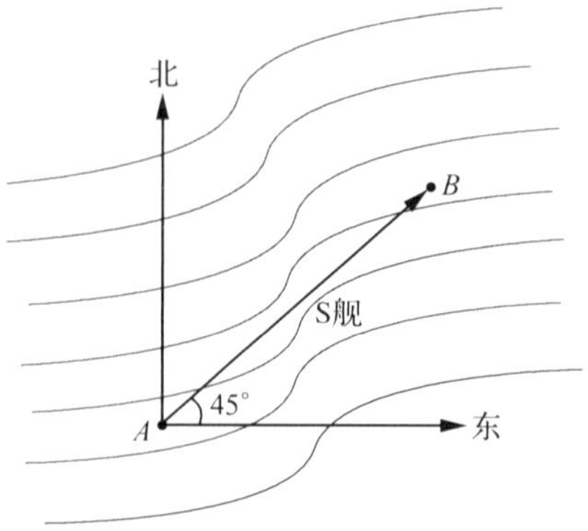

图 7-1

问题 1　如果 S 舰沿其他方向航行 100 nmile，能不能到达 B 点呢？

问题 2　图 7-1 中带箭头的线段 AB 包含两个要素，请指出这两个要素．

问题 3　试着给出向量的概念．

任务二

如图 7-2 所示,坐标纸(正方形小方格的边长为 1)上有 $\boldsymbol{a},\boldsymbol{b},\boldsymbol{c},\boldsymbol{d},\boldsymbol{m},\boldsymbol{i},\boldsymbol{j}$ 共 7 个向量,探究如下问题.

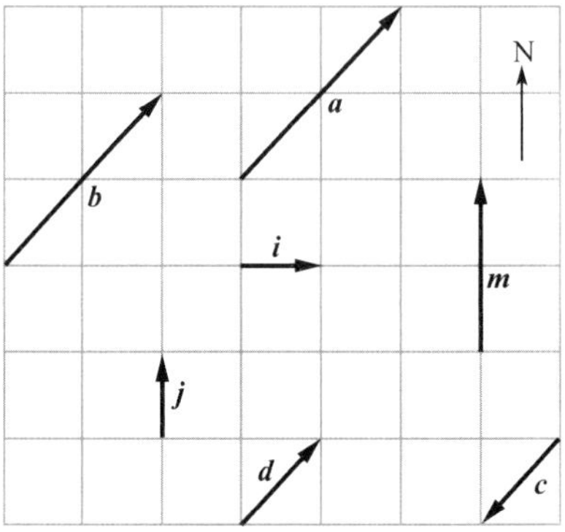

图 7-2

问题 1 判断各个向量的模和方向.

问题 2 下面三组向量中,每组向量之间有什么关系?

(1) $\boldsymbol{a}$ 和 $\boldsymbol{b}$; (2) $\boldsymbol{c}$ 和 $\boldsymbol{d}$; (3) $\boldsymbol{a},\boldsymbol{d},\boldsymbol{c}$.

问题 3 试着给出相等向量、相反向量、共线向量的概念.

【典例解析】

例 1 设矩形 $ABCD$ 的边长为 2 和 3,其所有的边及对角线能构成多少向量?这些向量的模是多少?

解 矩形 $ABCD$ 所有的边及对角线能构成 $\overrightarrow{AB}$, $\overrightarrow{BC}$, $\overrightarrow{CD}$, $\overrightarrow{DA}$, $\overrightarrow{AD}$, $\overrightarrow{DC}$, $\overrightarrow{CB}$, $\overrightarrow{BA}$, $\overrightarrow{AC}$, $\overrightarrow{BD}$, $\overrightarrow{CA}$, $\overrightarrow{DB}$ 12 个向量(图 7-3),这些向量的模为 $|\overrightarrow{AB}|=|\overrightarrow{BA}|=$

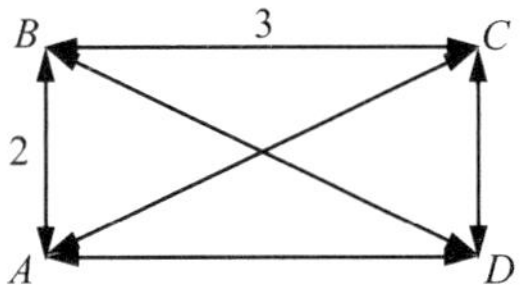

图 7-3

$|\overrightarrow{CD}|=|\overrightarrow{DC}|=2$，$|\overrightarrow{BC}|=|\overrightarrow{CB}|=|\overrightarrow{AD}|=|\overrightarrow{DA}|=3$，$|\overrightarrow{AC}|=|\overrightarrow{BD}|=|\overrightarrow{CA}|=|\overrightarrow{DB}|=\sqrt{13}$.

备注　任意两点可以构成两个向量，这两个向量是相反向量.

例 2　一辆汽车从 A 点出发向西行驶了 100 km 到达 B 点，然后又改变方向向西偏北走了 200 km 到达 C 点，最后又改变方向，向东行驶了 100 km 到达 D 点.

（1）作出向量 $\overrightarrow{AB}$，$\overrightarrow{BC}$，$\overrightarrow{CD}$；

（2）求 $|\overrightarrow{AD}|$.

解　（1）向量 $\overrightarrow{AB}$，$\overrightarrow{BC}$，$\overrightarrow{CD}$ 如图 7-4 所示.

（2）由题意知，$\overrightarrow{AB}$ 与 $\overrightarrow{CD}$ 方向相反，故 $\overrightarrow{AB}$ 与 $\overrightarrow{CD}$ 共线，又因为 $|\overrightarrow{AB}|=|\overrightarrow{CD}|$，所以在四边形 $ABCD$ 中，$AB /\!/ CD$ 且 $AB=CD$，则四边形 $ABCD$ 为平行四边形，得到 $\overrightarrow{AD}=\overrightarrow{BC}$，所以 $|\overrightarrow{AD}|=200$ km.

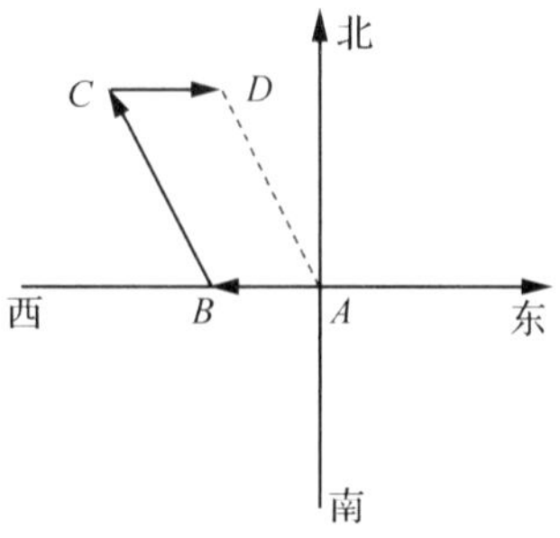

图 7-4

备注　准确画出向量的方法是先确定向量的起点，再确定向量的方向，最后根据向量的大小确定向量的终点.

【课后练习】

1. 下列各量是向量的是　　（　　）

A. 年龄　　B. 体积

C. 身高　　D. 速度

2. 如图 7-5 所示，四边形 $ABCD$ 是等腰梯形，则下列关系式正确的是　　（　　）

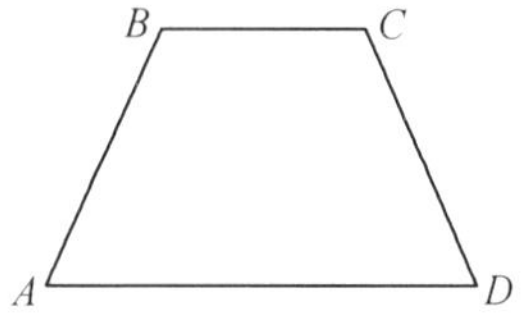

图 7-5

A. $\overrightarrow{AB}=\overrightarrow{CD}$　　B. $|\overrightarrow{AB}|=|\overrightarrow{CD}|$

C. $\overrightarrow{AB}>\overrightarrow{CD}$　　D. $\overrightarrow{BC}<\overrightarrow{AD}$

3. 给出下列命题：

① 零向量的长度为零，方向是任意的；

② 若 $\boldsymbol{a}$，$\boldsymbol{b}$ 都是单位向量，则 $\boldsymbol{a}=\boldsymbol{b}$；

③ 若 $|\boldsymbol{a}|=|\boldsymbol{b}|$，则 $\boldsymbol{a}=\boldsymbol{b}$ 或 $\boldsymbol{a}=-\boldsymbol{b}$.

则所有正确命题的序号是 (　　)

A. ③　　B. ①　　C. ①③　　D. ①②

4. 给出下列关于平面向量的命题:

① 长度相等、方向相同的两个向量是相等向量;

② 平行且模相等的两个向量是相等向量;

③ 若 $\boldsymbol{a}\neq\boldsymbol{b}$,则 $|\boldsymbol{a}|\neq|\boldsymbol{b}|$;

④ 若两个向量相等,则它们的起点与终点相同.

其中正确命题的个数是 (　　)

A. 4　　B. 3　　C. 2　　D. 1

5. 下列说法正确的是 (　　)

A. 若向量 $\overrightarrow{AB}$,$\overrightarrow{CD}$ 满足 $|\overrightarrow{AB}|>|\overrightarrow{CD}|$,且 $\overrightarrow{AB}$ 与 $\overrightarrow{CD}$ 同向,则 $\overrightarrow{AB}>\overrightarrow{CD}$

B. 若 $\boldsymbol{a}/\!/\boldsymbol{b}$ 且 $\boldsymbol{b}/\!/\boldsymbol{c}$,则 $\boldsymbol{a}/\!/\boldsymbol{c}$

C. 若向量 $\overrightarrow{AB}$ 与 $\overrightarrow{CD}$ 是共线向量,则 A,B,C,D 四点共线

D. 若非零向量 $\boldsymbol{a}$ 与非零向量 $\boldsymbol{b}$ 满足 $\boldsymbol{a}/\!/\boldsymbol{b}$,则向量 $\boldsymbol{a}$ 与 $\boldsymbol{b}$ 方向相同或相反

6. 在四边形 $ABCD$ 中,若 $\overrightarrow{AB}=\overrightarrow{DC}$,则四边形 $ABCD$ 是__________.

7. 某人向正东方向行进 100 m 后,再向正南方向行进 $100\sqrt{3}$ m,则此人位移的方向是__________.

8. 如图 7-6 所示,已知△ABC 的三边均不相等,E,F,D 分别是 AC,AB,BC 的中点.

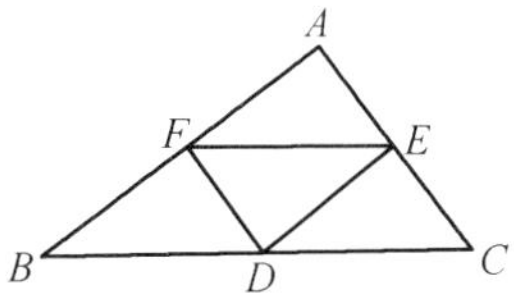

图 7-6

(1) 写出与 $\overrightarrow{EF}$ 共线的向量;

(2) 写出与 $\overrightarrow{EF}$ 的模相等的向量;

(3) 写出与 $\overrightarrow{EF}$ 相等的向量;

(4) 写出与 $\overrightarrow{DF}$ 相反的向量.

【数学文化】

向量及向量符号的由来

向量最初应用于物理学,被称为矢量.很多物理量,如力、位移、速度、电场强度、磁感应强度等都是向量.大约在公元前350年,古希腊著名学者亚里士多德就知道了力可以表示成向量."向量"一词来自力学、解析几何中的有向线段.最先使用有向线段表示向量的是英国科学家牛顿.

向量是一种带几何性质的量.除零向量外,总可以画出"箭头表示方向,线段长表示大小"的有向线段来表示它.1806年,瑞士人阿尔冈以$\overrightarrow{AB}$表示有向线段或向量.1827年,莫比乌斯以AB表示起点为A、终点为B的向量,这种用法被数学家广泛接受.另外,哈密尔顿、吉布斯等人则以小写希腊字母表示向量.后来,字母上加箭头表示向量的方法逐渐流行,尤其用在手写稿中.为了方便印刷,人们又用粗黑体小写字母$\boldsymbol{a}$,$\boldsymbol{b}$等表示向量.这两种符号一直沿用至今.

莱布尼茨曾经从位置几何学研究的视角进行过预想:我已经发现了一些完全不同的有新特点的元素.即使在没有任何图形的情况下,它也能有利于表达思想和事物的本质.这个新系统能紧跟可见的图形,以一种自然的、分析的方式,通过一个确定的程序同时给出解、构造和几何的证明.莱布尼茨所说的"有新特点的元素"和"新系统"就是逐渐形成和发展起来的向量及其理论.

向量进入数学并得到发展,是从复数的几何表示开始的.1797年,威塞尔把复数表示为向量,并利用向量定义复数运算,他把坐标平面上的点用向量表示出来,并把向量的几何表示用于研究几何与三角问题.人们逐步接受了复数,也学会了利用复数表示、研究平面中的向量.

发展到现在,向量在数学、物理、计算机科学与技术等学科,以及社会生产、生活、经济、金融与贸易等各领域中都有广泛的应用,成为解决这些领域中各种问题的有力工具.

【拓展应用】

在庆祝中华人民共和国成立70周年阅兵式上，受阅方队军容严整、精神抖擞. 15个徒步方队通过天安门时，每队正步走128步，步幅间的距离为100 cm，用时1 min 6 s. 只有所有队员步伐一致才能保证方队不变形，整齐划一. 方队中每个人的位移是否都相同?

7.2　平面向量的线性运算

【学习目标】

1. 了解平面向量的加法(减法)运算法则在现实生活中的作用,掌握向量的加法(减法)法则,会用三角形法则、平行四边形法则求两个向量的和向量(差向量).

2. 会用代数式求两个向量的和向量(差向量),通过与三角形法则、平行四边形法则的类比,体验数形结合的思想方法.

3. 了解平面向量数乘运算的几何意义,掌握向量数乘运算的定义,会用代数式表示向量的数乘运算.

【重点难点】

重点:向量的加法(减法)法则,向量数乘运算的定义.

难点:用代数式求两个向量的和向量(差向量)、向量的数乘运算.

【微课导学】

扫下面的二维码,学习微课"平面向量的加法""平面向量的减法""平面向量的数乘向量".

【自主学习】

1. 平面向量的加法.

求两个向量 $\boldsymbol{a}$ 与 $\boldsymbol{b}$ ________的运算叫作向量的加法运算,记为________.

2. 向量加法的运算法则.

(1) 向量加法的三角形法则.

根据向量加法的定义,得出的求向量和的方法,称为向量加法的三角形法则.

一般地,如图 7-7 所示,已知向量 $\boldsymbol{a}$ 与 $\boldsymbol{b}$,在平面内任取一点 $\boldsymbol{O}$,作______,则________叫作 $\boldsymbol{a}$ 与 $\boldsymbol{b}$ 的和(或和向量),记作 $\boldsymbol{a}+\boldsymbol{b}$,即

$$\boldsymbol{a}+\boldsymbol{b}=\_\_\_\_\_\_\_\_\_\_\_\_\_\_\_\_=\_\_\_\_\_\_\_\_\_\_\_\_\_\_\_\_.$$

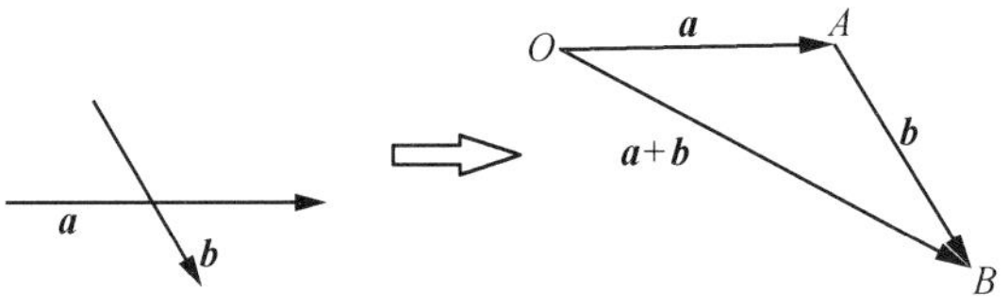

图 7-7

注意 向量加法的三角形法则可以推广到多个向量相加求和,其规则可以简记为“首尾相连,首尾连”(首指向尾).“首尾相连”的规则:把小写字母表示的向量用两个大写的字母表示(其中后面向量的起点与其前一个向量的终点重合,即用同一个字母表示),其和向量为从第一个向量的起点指向最后一个向量的终点. 例如,$\overrightarrow{AB}+\overrightarrow{BC}+\overrightarrow{CD}=\overrightarrow{AD}$.

(2) 向量加法的平行四边形法则.

对于两个________的__________向量 $\boldsymbol{a}$,$\boldsymbol{b}$,还可以作平行四边形来求两个向量的和. 我们把这种求两个向量和的方法叫作向量加法的平行四边形法则.

一般地,如图 7-8 所示,已知向量 $\boldsymbol{a}$ 和 $\boldsymbol{b}$,在平面内任取一点 O,作________,以________为邻边作________,则________就是向量 $\boldsymbol{a}$ 和 $\boldsymbol{b}$ 的和向量.

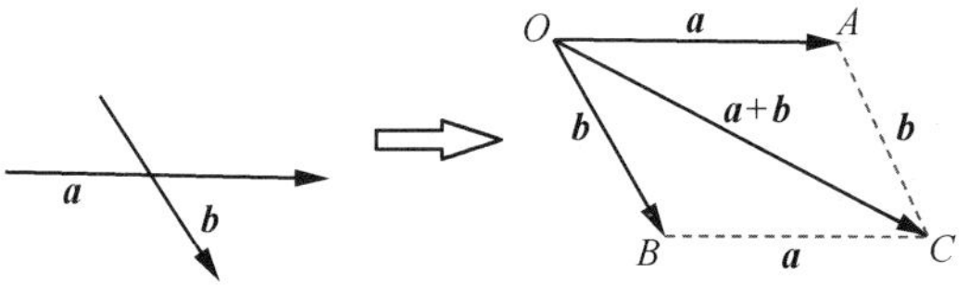

图 7-8

注意 向量加法的平行四边形法则要有“共同的起点”,其和向量为同一起点出发的对角线所在的向量.

两个向量的和仍然是向量.

$$\boldsymbol{a}+\mathbf{0}=\mathbf{0}+\boldsymbol{a}=\underline{\qquad\qquad}.$$

$$\boldsymbol{a}+(-\boldsymbol{a})=(-\boldsymbol{a})+\boldsymbol{a}=\underline{\qquad\qquad}.$$

3. 向量加法的运算律.

(1) $\boldsymbol{a}+\boldsymbol{b}=$ __________.(交换律)

(2) $(\boldsymbol{a}+\boldsymbol{b})+\boldsymbol{c}=$ __________.(结合律)

4. 平面向量的减法.

求两个向量 $\boldsymbol{a}$ 与 $\boldsymbol{b}$ ________ 的运算叫作向量的减法运算，记为________.

5. 向量减法的运算法则.

一般地，如图 7-9 所示，已知向量 $\boldsymbol{a}$ 和 $\boldsymbol{b}$，在平面内任取一点 O，作________，则向量________叫作 $\boldsymbol{a}$ 和 $\boldsymbol{b}$ 的差(或差向量)，记作 $\boldsymbol{a}-\boldsymbol{b}$，即

$$\boldsymbol{a}-\boldsymbol{b}=\underline{\qquad\qquad}=\underline{\qquad\qquad}.$$

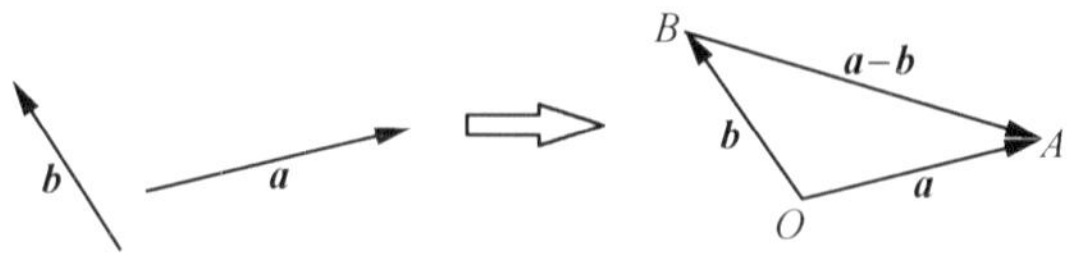

图 7-9

注意　向量减法的三角形法则要有“共同的起点”，其差向量是由减向量的终点指向被减向量的终点的向量.

6. 向量的减法是向量加法的逆运算，即 $\boldsymbol{a}-\boldsymbol{b}=$ ____________.

7. 向量的数乘运算.

一般地，实数 λ 与向量 $\boldsymbol{a}$ 的__________是一个向量，记作__________.

8. 数乘向量 $\boldsymbol{a}$ 的长度和方向.

(1) 长度(模)：$|\lambda\boldsymbol{a}|=$ ________.

(2) 方向：当 $\lambda>0$ 时，$\lambda\boldsymbol{a}$ 与 $\boldsymbol{a}$ 方向__________；当 $\lambda<0$ 时，$\lambda\boldsymbol{a}$ 与 $\boldsymbol{a}$ 方向__________；特别地，当 $\lambda=0$ 时，$\lambda\boldsymbol{a}=\mathbf{0}$，故 $\lambda\boldsymbol{a}$ 的方向任意.

9. 数乘向量满足的运算律.

设 $\boldsymbol{a}$，$\boldsymbol{b}$ 为任意向量，λ，μ 为任意实数，则有：

(1) 结合律：$\lambda(\mu\boldsymbol{a})=$ __________.

(2) 分配律：$(\lambda+\mu)\boldsymbol{a}=$ __________，$\lambda(\boldsymbol{a}+\boldsymbol{b})=$ __________.

10. 向量 $\boldsymbol{a}$ 与 $\boldsymbol{b}$ 平行(共线)的条件.

对于向量 $\boldsymbol{a}(\boldsymbol{a}\neq\mathbf{0})$，$\boldsymbol{b}$，$\boldsymbol{a}/\!/\boldsymbol{b}\Leftrightarrow$当且仅当有唯一一个实数 λ，使得________.

特别地,当 $\boldsymbol{a}=\boldsymbol{0}$ 时,$\boldsymbol{0}\parallel\boldsymbol{b}$.

【探究任务】

任务一

阅读材料,回答问题.

材料 2021 年 6 月 30 日,京新高速全线建成通车. 京新高速公路构筑了一条从祖国北部进入新疆的最快捷大通道,新京高速从乌鲁木齐、哈密、伊吾,并经酒泉北部直接连通内蒙古,不再绕行甘肃、陕西等地而从内蒙古直接到达北京,新京高速将原先从乌鲁木齐到北京的总里程缩短了 1 300 多千米.

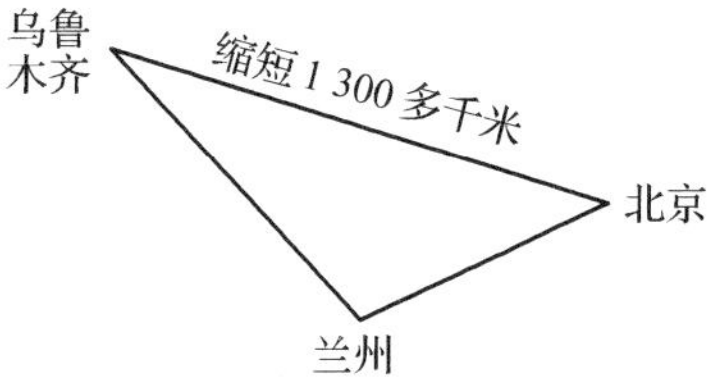

图 7-10

问题 请同学们尝试从向量的角度进行解读.

任务二

小组合作,动手做一做.

1. 已知向量 $\boldsymbol{a}$ 和 $\boldsymbol{b}$(图 7-11),用向量加法的三角形法则作向量 $\boldsymbol{a}+\boldsymbol{b}$.

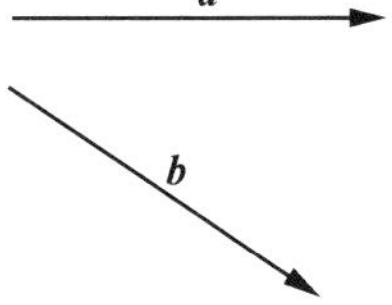

图 7-11

2. 已知两个共线向量 $\boldsymbol{a}$ 和 $\boldsymbol{b}$(图 7-12),用向量加法的三角形法则作向量 $\boldsymbol{a}+\boldsymbol{b}$.

图 7-12

3. 已知向量 $\boldsymbol{a}$ 和 $\boldsymbol{b}$(图 7-13),用向量加法的平行四边形法则作向量 $\boldsymbol{a}+\boldsymbol{b}$.

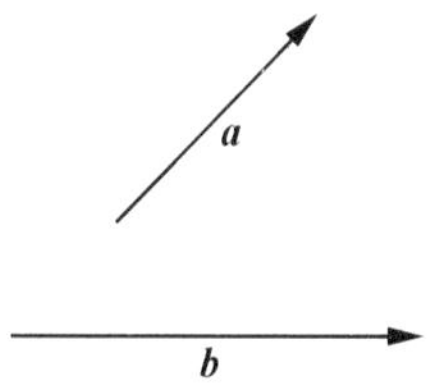

图 7-13

4. 已知向量 $\boldsymbol{a},\boldsymbol{b},\boldsymbol{c}$(图 7-14),求作向量 $\boldsymbol{a}-\boldsymbol{b},\boldsymbol{c}-\boldsymbol{b}$.

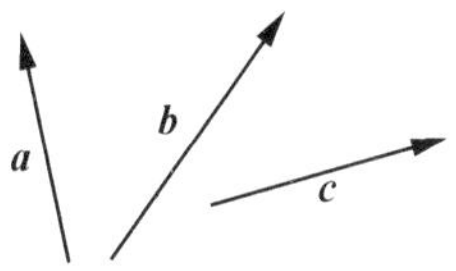

图 7-14

任务三

小组合作,探究平面向量的数乘向量.

某质点从点 O 出发向东做匀速直线运动,若经过 1 s 的位移所对应的向量用 $\boldsymbol{a}$ 表示,问:

(1) 该质点在同方向经过 3 s 的位移所对应的向量应该如何表示?作出质点 O 向东经过 3 s 的位移向量.

(2) 这个向量的大小、方向与向量 $\boldsymbol{a}$ 有什么关系?

(3) 如果质点从点 O 出发的方向改向西,试回答(2)中的问题.

(4) 质点从点 O 向东或向西经过 3 s 的位移向量的结果还有其他表示形式吗?

【典例解析】

例 1 填空.

(1) $\overrightarrow{AO}+\overrightarrow{OB}=$ __________;

(2) $\overrightarrow{AC}+\overrightarrow{CB}+\overrightarrow{BD}=$ __________;

(3) $\overrightarrow{AB}+\overrightarrow{BA}=$ __________;

(4) $\overrightarrow{AB}-\overrightarrow{AC}=$ __________;

(5) $\overrightarrow{AB}+(\overrightarrow{CA}-\overrightarrow{CB})=$ __________.

解 (1) $\overrightarrow{AB}$;(2) $\overrightarrow{AD}$;(3) $\mathbf{0}$;(4) $\overrightarrow{CB}$;(5) $\mathbf{0}$.

备注 (1) 解用字母表示的向量加法时注意字母的顺次关系.

(2) 首尾相连是向量加法,首首相连是向量减法.

(3) $\overrightarrow{AA}=\mathbf{0}$,$-\overrightarrow{AB}=\overrightarrow{BA}$.

例2　设两个非零向量 $\boldsymbol{a},\boldsymbol{b}$ 不共线.

（1）若 $\overrightarrow{AB}=\boldsymbol{a}+\boldsymbol{b},\overrightarrow{BC}=2\boldsymbol{a}+8\boldsymbol{b},\overrightarrow{CD}=3(\boldsymbol{a}-\boldsymbol{b})$，求证：$A,B,D$ 三点共线.

（2）试确定实数 k，使得 $k\boldsymbol{a}+\boldsymbol{b}$ 和 $\boldsymbol{a}+k\boldsymbol{b}$ 共线.

解　（1）因为 $\overrightarrow{AB}=\boldsymbol{a}+\boldsymbol{b},\overrightarrow{BC}=2\boldsymbol{a}+8\boldsymbol{b},\overrightarrow{CD}=3(\boldsymbol{a}-\boldsymbol{b})$，所以

$$\overrightarrow{BD}=\overrightarrow{BC}+\overrightarrow{CD}=(2\boldsymbol{a}+8\boldsymbol{b})+3(\boldsymbol{a}-\boldsymbol{b})=5(\boldsymbol{a}+\boldsymbol{b})=5\overrightarrow{AB},$$

则 $\overrightarrow{AB},\overrightarrow{BD}$ 共线.

又因为 $\overrightarrow{AB},\overrightarrow{BD}$ 有公共点 B，所以 A,B,D 三点共线.

（2）因为 $k\boldsymbol{a}+\boldsymbol{b}$ 和 $\boldsymbol{a}+k\boldsymbol{b}$ 共线，所以存在实数 λ，使得

$$k\boldsymbol{a}+\boldsymbol{b}=\lambda(\boldsymbol{a}+k\boldsymbol{b}),$$

即

$$(k-\lambda)\boldsymbol{a}=(\lambda k-1)\boldsymbol{b},$$

因为 $\boldsymbol{a},\boldsymbol{b}$ 是不共线的两个非零向量，所以

$$\begin{cases}k-\lambda=0,\\ \lambda k-1=0,\end{cases}$$

解得 $k=\pm1$.

备注　（1）A,B,D 三点共线 $\Leftrightarrow\overrightarrow{AB},\overrightarrow{AD}$ 共线.

（2）证明有关平行（共线）问题时，一般要考虑运用向量平行的充要条件.

例3　已知向量 $\boldsymbol{a}=2\boldsymbol{e}_1-3\boldsymbol{e}_2,\boldsymbol{b}=2\boldsymbol{e}_1+3\boldsymbol{e}_2$，其中 $\boldsymbol{e}_1,\boldsymbol{e}_2$ 是两个不共线的单位向量，向量 $\boldsymbol{c}=2\boldsymbol{e}_1-9\boldsymbol{e}_2$，是否存在这样的实数 λ,μ，使得 $\boldsymbol{d}=\lambda\boldsymbol{a}+\mu\boldsymbol{b}$ 与 $\boldsymbol{c}$ 共线？

解　$\boldsymbol{d}=\lambda\boldsymbol{a}+\mu\boldsymbol{b}$ 与 $\boldsymbol{c}$ 共线，则 $\lambda\boldsymbol{a}+\mu\boldsymbol{b}=k\boldsymbol{c}$，即

$$(2\lambda+2\mu)\boldsymbol{e}_1-(3\lambda-3\mu)\boldsymbol{e}_2=k(2\boldsymbol{e}_1-9\boldsymbol{e}_2),$$

所以

$$\begin{cases}2\lambda+2\mu=2k,\\ -(3\lambda-3\mu)=-9k,\end{cases}$$

解得 $\lambda=2k,\mu=-k,k\in\mathbf{R}$.

故存在实数 λ,μ 满足条件.

备注　根据向量共线定理，设实数存在，然后列出方程组，若方程组有解，则实数存在，否则实数不存在.

【课后练习】

1. 下列结论成立的是 ( )

A. 若 $|\boldsymbol{a}+\boldsymbol{b}|>|\boldsymbol{a}|$,则 $|\boldsymbol{a}+\boldsymbol{b}|>|\boldsymbol{b}|$

B. 当 $|\boldsymbol{a}|>|\boldsymbol{b}|>|\boldsymbol{c}|$ 时,$|\boldsymbol{a}+\boldsymbol{b}|>|\boldsymbol{b}+\boldsymbol{c}|$

C. 当 $|\boldsymbol{a}|>|\boldsymbol{b}|>|\boldsymbol{c}|$ 时,$|\boldsymbol{a}+\boldsymbol{c}|>|\boldsymbol{b}+\boldsymbol{c}|$

D. 当 $\boldsymbol{a},\boldsymbol{b}$ 不共线时,$|\boldsymbol{a}|+|\boldsymbol{b}|>|\boldsymbol{a}+\boldsymbol{b}|$

2. 若 $|\overrightarrow{AB}|=|\overrightarrow{AD}|$ 且 $\overrightarrow{BA}=\overrightarrow{CD}$,则四边形 $ABCD$ 为 ( )

A. 平行四边形　　B. 矩形

C. 菱形　　D. 等腰梯形

3. 在四边形 $ABCD$ 中,若 $\overrightarrow{AB}=-\frac{1}{2}\overrightarrow{CD}$,则此四边形是 ( )

A. 平行四边形　　B. 菱形

C. 梯形　　D. 矩形

4. $\overrightarrow{AB}+\overrightarrow{MB}+\overrightarrow{BO}+\overrightarrow{OM}=$ ________.

5. 已知正方形 $ABCD$ 的边长为 1,$\overrightarrow{AB}=\boldsymbol{a}$,$\overrightarrow{BC}=\boldsymbol{b}$,$\overrightarrow{AC}=\boldsymbol{c}$,则 $|\boldsymbol{a}+\boldsymbol{b}+\boldsymbol{c}|=$ ________.

6. 计算:

(1) $5\times(-4\boldsymbol{a})$;

(2) $3(-\boldsymbol{a}+2\boldsymbol{b})-(5\boldsymbol{a}-\boldsymbol{b})$;

(3) $\frac{1}{2}(\boldsymbol{a}-2\boldsymbol{b})-2\left(\frac{1}{4}\boldsymbol{a}-\frac{1}{2}\boldsymbol{b}-\boldsymbol{c}\right)$.

7. 如图 7-15 所示，P，Q 是 $\triangle ABC$ 的边 BC 上的两点，且 $BP=QC$，求证：$\overrightarrow{AB}+\overrightarrow{AC}=\overrightarrow{AP}+\overrightarrow{AQ}$.

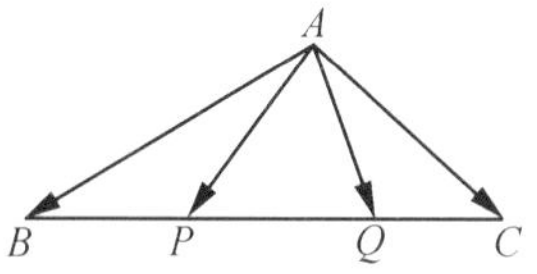

图 7-15

8. 已知四边形 $ABCD$ 的对角线 AC 与 BD 交于 O 点，且 $\overrightarrow{AO}=\overrightarrow{OC}$，$\overrightarrow{BO}=\overrightarrow{OD}$.

求证：四边形 $ABCD$ 是平行四边形.

【数学文化】

向量的萌芽期

向量能够进入数学并得到发展，首先应从复数的几何表示谈起. 18 世纪末期，威塞尔首次利用坐标平面上的点来表示复数 $a+bi$，并利用具有几何意义的复数运算来定义向量的运算.

向量的发展期

19 世纪中期，英国数学家哈密尔顿(图 7-16)发明了四元数(包括数量部分和向量部分)，以代表空间的向量. 他的工作为向量的代数和向量分析的建立奠定了基础. 随后，电磁理论的发现者、英国的物理学家麦克斯韦把四元数的数量部分和向量部分分开处理，从而创造了大量的向量分析.

图 7-16

向量的成熟期

三维向量分析的开创,以及四元数的正式分裂,是英国的居伯斯和海维塞德于 19 世纪 80 年代各自独立完成的. 他们提出,一个向量不过是四元数的向量部分,但不独立于任何四元数. 他们引进了两种类型的乘法,即数量积和向量积,并把向量代数推广到变向量的向量微积分. 从此,向量的方法被引进到分析和解析几何中来,并逐步完善,成为一套优良的数学工具.

【拓展应用】

在物理学中求合力时经常用到向量加法的平行四边形法则. 如图 7-17 所示,一张拉紧的弓上,箭尾受到两个方向的力的作用,最终形成合力,使箭向靶心飞行.

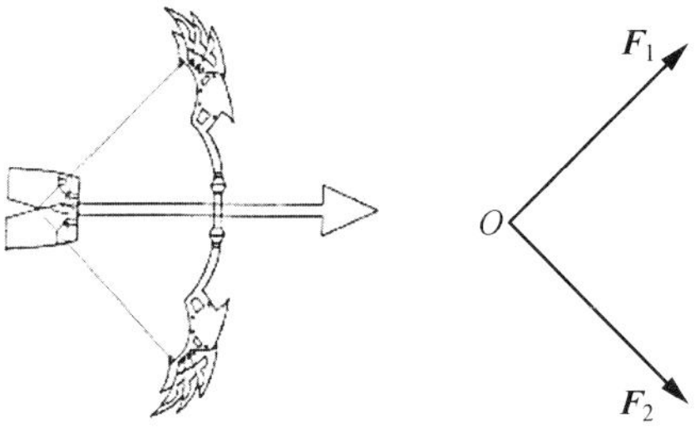

图 7-17

(1) 用向量加法的平行四边形法则作出箭尾所受两个方向力 $\boldsymbol{F}_1$,$\boldsymbol{F}_2$ 的合力 $\boldsymbol{F}$.

(2) 如果力 $\boldsymbol{F}_1$,$\boldsymbol{F}_2$ 的大小均为 100 N,它们的夹角为 90°,则它们的合力 $\boldsymbol{F}$ 的大小是多少?

7.3　平面向量的内积

【学习目标】

1. 理解并掌握平面向量内积的基本概念，会用已知条件来求向量的内积.

2. 掌握向量内积的基本性质及运算律，并能运用其解决相关的数学问题.

【重点难点】

重点：平面向量内积的概念、基本性质及运算律.

难点：平面向量内积的概念、基本性质及运算律的正确理解.

【微课导学】

扫下面的二维码，学习微课“平面向量的内积”.

【自主学习】

1. 已知向量 $\boldsymbol{a}$ 与 $\boldsymbol{b}$ 的夹角 θ 满足 $\cos\theta=\frac{1}{4}$，且 $|\boldsymbol{a}|=4$，$|\boldsymbol{b}|=2$，则 $\boldsymbol{a}\cdot\boldsymbol{b}=$ (　　)

A. 2　　B. $\frac{3}{2}$　　C. 1　　D. $\frac{1}{2}$

2. 下列命题正确的是 ( )

A. $\overrightarrow{AB}+\overrightarrow{BC}+\overrightarrow{CD}=\overrightarrow{AD}$　　B. $\overrightarrow{AB}+\overrightarrow{BA}=0$

C. $\mathbf{0}\cdot\overrightarrow{AB}=\mathbf{0}$　　D. $\overrightarrow{OA}-\overrightarrow{OB}=\overrightarrow{AB}$

3. 在锐角三角形 ABC 中,下列关于向量夹角的说法正确的是 ( )

A. $\overrightarrow{AB}$与$\overrightarrow{BC}$的夹角是锐角　　B. $\overrightarrow{AC}$与$\overrightarrow{BA}$的夹角是锐角

C. $\overrightarrow{AC}$与$\overrightarrow{BC}$的夹角是锐角　　D. $\overrightarrow{AC}$与$\overrightarrow{BC}$的夹角是钝角

4. 给出以下结论:

① $\boldsymbol{a}/\!/\boldsymbol{b}\Rightarrow\boldsymbol{a}\cdot\boldsymbol{b}=0$;　　② $\boldsymbol{a}\cdot\boldsymbol{b}=\boldsymbol{b}\cdot\boldsymbol{a}$;

③ $\boldsymbol{a}\cdot(\boldsymbol{b}\cdot\boldsymbol{c})=(\boldsymbol{a}\cdot\boldsymbol{b})\cdot\boldsymbol{c}$;　　④ $|\boldsymbol{a}\cdot\boldsymbol{b}|\leqslant|\boldsymbol{a}|\cdot|\boldsymbol{b}|$.

其中正确结论的个数是 ( )

A. 1　　B. 2　　C. 3　　D. 4

5. 下列命题正确的是 ( )

A. 单位向量都相等

B. 若 $\boldsymbol{a}$ 与 $\boldsymbol{b}$ 都是单位向量,则 $\boldsymbol{a}\cdot\boldsymbol{b}=1$

C. $0\cdot\boldsymbol{a}=\mathbf{0}$

D. 若 $\boldsymbol{a}$ 与 $\boldsymbol{b}$ 共线,$\boldsymbol{b}$ 与 $\boldsymbol{c}$ 共线,则 $\boldsymbol{a}$ 与 $\boldsymbol{c}$ 共线

6. 图 7-18 为正六边形,试求以下两向量的夹角:

(1) $\overrightarrow{AB}$与$\overrightarrow{AC}$;　(2)$\overrightarrow{BA}$与$\overrightarrow{AF}$;　(3)$\overrightarrow{AD}$与$\overrightarrow{EB}$.

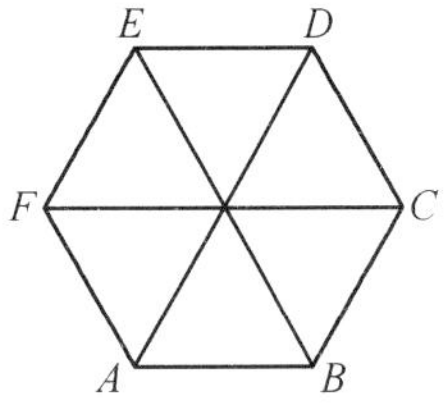

图 7-18

【探究任务】

任务一

阅读下列材料,回答问题.

快递业联系千家万户、连通线上线下,它既是畅通生产与消费的重要渠

道，也是观察经济发展的一扇窗口. 国家邮政局监测数据显示，截至 2023 年 5 月 4 日，当年全国快递业务量达 400 亿件，比 2019 年提前了 128 天，比 2020 年提前了 24 天. 仅用 4 个多月快递业务量就完成 400 亿件，彰显了行业发展的强劲韧性，也成为生机勃勃的活力中国的一个生动写照.

在快递进入小区的最后一千米，往往会采用小推车来完成配送或自取活动. 一辆运送快递的推车在力 $\boldsymbol{F}$ 的作用下产生位移 $\boldsymbol{s}$，力 $\boldsymbol{F}$ 与快递货物位移 $\boldsymbol{s}$ 方向的夹角为 θ.

问题 1　力 $\boldsymbol{F}$ 在位移方向上的分量是多少？所做的功 W 是多少？

问题 2　我们学习了向量的哪些运算？这些运算的结果是什么？功 W 是一个数量还是一个向量？

问题 3　将上述求功的公式中力和位移类比推广到一般情况，假设平面向量 $\boldsymbol{a}$ 和 $\boldsymbol{b}$ 的夹角为 θ，尝试写出 $\boldsymbol{a}$ 和 $\boldsymbol{b}$ 内积的定义式.

任务二

根据平面向量内积的定义，回答问题（平面向量 $\boldsymbol{a}$ 和 $\boldsymbol{b}$ 都为非零向量）.

问题 1　$\boldsymbol{a}$ 和 $\boldsymbol{b}$ 的夹角 θ 的取值范围是多少？请概括 $\cos\theta$ 有几种可能性？

问题 2　平面向量的内积是一个数量，那它什么时候为正？什么时候为负？什么时候为 0？

问题 3　讨论当 $\boldsymbol{a}$ 与 $\boldsymbol{b}$ 同向时，当 $\boldsymbol{a}=\boldsymbol{b}$ 时，当 $\boldsymbol{a}$ 与 $\boldsymbol{b}$ 反向时，内积分别为多少？

【典例解析】

例 1 根据向量内积的定义求向量的内积.

(1) 已知 $\boldsymbol{a}$ 和 $\boldsymbol{b}$ 的夹角为 $60°$,$|\boldsymbol{a}|=2$,$|\boldsymbol{b}|=8$,求 $\boldsymbol{a}\cdot\boldsymbol{b}$;

(2) 若 $\boldsymbol{a}/\!/\boldsymbol{b}$,$|\boldsymbol{a}|=1$,$|\boldsymbol{b}|=2$,求 $\boldsymbol{a}\cdot\boldsymbol{b}$;

(3) 若 $|\boldsymbol{a}|=0$,$|\boldsymbol{b}|=8$,求 $\boldsymbol{a}\cdot\boldsymbol{b}$.

解 (1) $\boldsymbol{a}\cdot\boldsymbol{b}=|\boldsymbol{a}|\cdot|\boldsymbol{b}|\cdot\cos60°=2\times8\times\frac{1}{2}=8$.

(2) ① 若 $\boldsymbol{a}$,$\boldsymbol{b}$ 同向,$\boldsymbol{a}\cdot\boldsymbol{b}=2\times1=2$;

② 若 $\boldsymbol{a}$,$\boldsymbol{b}$ 反向,$\boldsymbol{a}\cdot\boldsymbol{b}=-|\boldsymbol{a}|\cdot|\boldsymbol{b}|=-2$.

故 $\boldsymbol{a}\cdot\boldsymbol{b}=\pm2$.

(3) $\boldsymbol{a}\cdot\boldsymbol{b}=|\boldsymbol{a}|\cdot|\boldsymbol{b}|\cdot\cos\theta=0$.

备注 向量内积的定义式:$\boldsymbol{a}\cdot\boldsymbol{b}=|\boldsymbol{a}|\cdot|\boldsymbol{b}|\cdot\cos\theta$.

例 2 已知 $|\boldsymbol{a}|=5$,$|\boldsymbol{b}|=4$,$\boldsymbol{a}\cdot\boldsymbol{b}=10$,求 $\langle\boldsymbol{a},\boldsymbol{b}\rangle$.

解 求夹角.先求夹角的余弦值.

$$\cos\langle\boldsymbol{a}\cdot\boldsymbol{b}\rangle=\frac{\boldsymbol{a}\cdot\boldsymbol{b}}{|\boldsymbol{a}|\cdot|\boldsymbol{b}|}=\frac{10}{5\times4}=\frac{1}{2},$$

则
$$\langle\boldsymbol{a}\cdot\boldsymbol{b}\rangle=\frac{\pi}{3}.$$

备注 由向量内积的定义式可得 $\cos\langle\boldsymbol{a}\cdot\boldsymbol{b}\rangle=\frac{\boldsymbol{a}\cdot\boldsymbol{b}}{|\boldsymbol{a}|\cdot|\boldsymbol{b}|}$.

例 3 已知 $\boldsymbol{a}$ 与 $\boldsymbol{b}$ 的夹角为 $90°$,当 k 为何值时,$k\boldsymbol{a}-\boldsymbol{b}$ 与 $\boldsymbol{a}+\boldsymbol{b}$ 垂直?

解 由已知可得 $\boldsymbol{a}\perp\boldsymbol{b}$,因此 $\boldsymbol{a}\cdot\boldsymbol{b}=0$.

又因为 $k\boldsymbol{a}-\boldsymbol{b}$ 与 $\boldsymbol{a}+\boldsymbol{b}$ 垂直,所以 $(k\boldsymbol{a}-\boldsymbol{b})\cdot(\boldsymbol{a}+\boldsymbol{b})=0$. 即

$$k|\boldsymbol{a}|^2+(k-1)\boldsymbol{a}\cdot\boldsymbol{b}-|\boldsymbol{b}|^2=0.$$

又因为 $|\boldsymbol{a}|=|\boldsymbol{b}|=1$，可得 $k-1=0\Rightarrow k=1$.

备注　两个非零向量垂直的等价条件：$\boldsymbol{a}\perp\boldsymbol{b}\Leftrightarrow\boldsymbol{a}\cdot\boldsymbol{b}=0$.

【课后练习】

1. 已知向量 $\boldsymbol{a}$ 和 $\boldsymbol{b}$ 满足 $\boldsymbol{a}\cdot\boldsymbol{b}=-12\sqrt{2}$，$|\boldsymbol{a}|=4$，$\boldsymbol{a}$ 和 $\boldsymbol{b}$ 的夹角为 $135°$，则 $|\boldsymbol{b}|$ 为　　(　　)

A. 12　　B. 3　　C. 6　　D. $3\sqrt{3}$

2. 已知 $|\boldsymbol{a}|=4$，$|\boldsymbol{b}|=3$，$\boldsymbol{a}$ 与 $\boldsymbol{b}$ 的夹角是 $60°$，则 $|\boldsymbol{a}+\boldsymbol{b}|$ 等于　　(　　)

A. 37　　B. 13　　C. $\sqrt{37}$　　D. $\sqrt{13}$

3. 已知正方形 $ABCD$ 的边长为 2，则 $\overrightarrow{AB}\cdot(\overrightarrow{AC}+\overrightarrow{AD})=$　　(　　)

A. $2\sqrt{2}$　　B. 3　　C. 4　　D. $3\sqrt{3}$

4. 已知 $|\boldsymbol{a}|=4$，$|\boldsymbol{b}|=3$，$\langle\boldsymbol{a}\cdot\boldsymbol{b}\rangle=\frac{\pi}{3}$，则 $(2\boldsymbol{a}-\boldsymbol{b})(3\boldsymbol{a}+2\boldsymbol{b})=$__________.

5. 已知向量 $\boldsymbol{a}$ 和 $\boldsymbol{b}$ 满足 $|\boldsymbol{a}|=\sqrt{3}$，$|\boldsymbol{b}|=2\sqrt{3}$，$\boldsymbol{ab}=-3$，则 $\boldsymbol{a}$ 与 $\boldsymbol{b}$ 的夹角是__________.

6. 已知 $|\boldsymbol{a}|=11$，$|\boldsymbol{b}|=23$，$|\boldsymbol{a}-\boldsymbol{b}|=30$，则 $|\boldsymbol{a}+\boldsymbol{b}|$ 是多少？

7. 已知 $|\boldsymbol{a}|=4$，$|\boldsymbol{b}|=3$，$(3\boldsymbol{a}-2\boldsymbol{b})\cdot(2\boldsymbol{a}+\boldsymbol{b})=61$.

(1) 求 $\boldsymbol{a}$ 与 $\boldsymbol{b}$ 的夹角 θ；　　(2) 求 $|\boldsymbol{a}+\boldsymbol{b}|$.

8. 如 7-19 所示，在平行四边形 $ABCD$ 中，若 $AB=8$，$AD=5$，$\overrightarrow{CP}=3\overrightarrow{PD}$，

(1) 若$\angle BAD=\dfrac{\pi}{3}$，求$\overrightarrow{AP}$的值；

(2) 若$\overrightarrow{AP}\cdot\overrightarrow{BP}=2$，求$\overrightarrow{AB}\cdot\overrightarrow{AD}$的值.

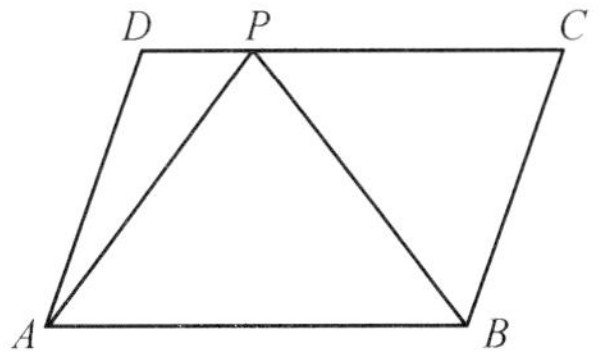

图 7-19

【拓展应用】

在日常生活中，我们有这样的经验：两个人共提一个旅行包，两人拉力的夹角越大越费力；在单杠上做引体向上运动，两臂的夹角越小越省力. 你能从数学的角度解释这种现象吗？

7.4　平面向量的坐标表示

【学习目标】

1. 理解平面向量直角坐标的含义，会根据定义求所给向量的坐标和模.

2. 学会根据所给向量的坐标进行加、减、数乘运算.

3. 掌握已知两点坐标求向量坐标的方法，掌握坐标表示时向量之间相等、相反、平行的条件与判定.

【重点难点】

重点：平面向量的直角坐标表示，两个向量的加、减、数乘运算，向量之间相等、相反、平行的条件与判定.

难点：已知始、终点坐标，求向量坐标，根据坐标判断两个向量之间的关系.

【微课导学】

扫下面的二维码，学习微课“平面向量的坐标表示”“平面向量的直角坐标运算”“运用平面向量的坐标求内积”.

【自主学习】

1. 写出下列向量的坐标表示.

(1) $\boldsymbol{a}=5\boldsymbol{i}-3\boldsymbol{j}$；　　(2) $\boldsymbol{b}=-5\boldsymbol{i}$；　　(3) $\boldsymbol{c}=\pi\boldsymbol{j}$.

2. 已知 $\boldsymbol{a}=(3,-1)$，$|\boldsymbol{b}|=1$ 且 $\boldsymbol{b}$ 和 $\boldsymbol{a}$ 方向相同，则 $\boldsymbol{b}$ 的坐标为_______.

3. 若点 A 的坐标为 $(2,-1)$，$\overrightarrow{AB}$ 的坐标为 $(4,6)$，则点 B 的坐标为（　　）

A. $(-2,-7)$　　B. $(2,7)$　　C. $(6,5)$　　D. $(-2,5)$

4. 已知向量 $\boldsymbol{a}=(3,-4)$，$\boldsymbol{b}=(-\sqrt{5},2)$，则 $|\boldsymbol{a}|=$______，$|\boldsymbol{b}|=$______.

5. 当向量的起点为坐标原点时，向量的坐标就是______的坐标；反过来，以原点为起点的向量的终点坐标也是________.

6. 已知点 $A(3,5)$，$B(6,8)$，则 $\overrightarrow{AB}$ 的坐标为________，$\overrightarrow{BA}$ 的坐标为________.

7. 已知平行四边形 $ABCD$ 的三个顶点 A,B,C 的坐标分别为 $(-2,1)$，$(-1,3)$，$(3,4)$，求顶点 D 的坐标.

【探究任务】

任务一

阅读下列材料，回答问题.

材料　东风-41 洲际核导弹首次公开亮相是在国庆 70 周年大阅兵中，东风-41 洲际核导弹方队在 32 个装备方队中压轴出场. 这是一款真正的大国重器，举世瞩目.

东风-41 洲际核导弹是中国军方对外公布的战略核导弹系统中的最先进系统之一. 该型导弹采用三级固体运载火箭作为动力，最大射程可达 14 000 km，其载车能在公路进行机动，同时具有一定的越野性能. 同时，该型导弹采用了电脑控制的惯性制导系统，使导弹的命中精度大幅提高.

电视直播的解说词中这样介绍东风-41 洲际核导弹：“战略制衡、战略摄控、战略决胜，东风-41 洲际核导弹是我国战略核力量的中流砥柱！”

问题　如图 7-20 所示，导弹在升空的某一时刻，速度可以分解成竖直向上和水平向前的两个分速度. 如果分别在水平方向和竖直方向取两个单位向量 $\boldsymbol{e}_1$，$\boldsymbol{e}_2$，导弹的飞行速度用向量 $\boldsymbol{a}$ 表示，现以点 O 为起点，作向量 $\overrightarrow{OP}=\boldsymbol{a}$，过点 $P(x,y)$ 分别向水平方向、竖直方向作垂线，垂足分别为 M 和 N.

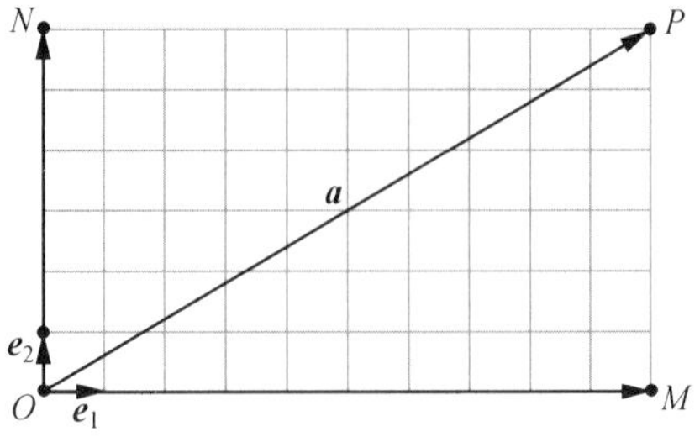

图 7-20

（1）分别用单位向量 $\boldsymbol{e}_1$，$\boldsymbol{e}_2$ 表示向量 $\overrightarrow{OM}$，$\overrightarrow{ON}$；

（2）用向量 $\overrightarrow{OM}$，$\overrightarrow{ON}$ 表示向量 $\overrightarrow{OP}$；

（3）用单位向量 $\boldsymbol{e}_1$，$\boldsymbol{e}_2$ 表示向量 $\overrightarrow{OP}$.

任务二

设平面向量 $\boldsymbol{a}=(x_1,y_1)$，$\boldsymbol{b}=(x_2,y_2)$，$\boldsymbol{i}$ 和 $\boldsymbol{j}$ 分别为 x 轴和 y 轴正方向上的单位向量，请回答下列问题.

问题 1 填空：

$|\boldsymbol{i}|=|\boldsymbol{j}|=$______，$\boldsymbol{i}\cdot\boldsymbol{j}=$______，$\boldsymbol{i}\cdot\boldsymbol{i}=$______，$\boldsymbol{j}\cdot\boldsymbol{j}=$______.

问题 2 尝试用 $\boldsymbol{a}$ 和 $\boldsymbol{b}$ 的坐标表示它们的内积 $\boldsymbol{a}\cdot\boldsymbol{b}$.

【典例解析】

例 1 已知 $A(3,4)$，$B(-6,8)$，$C(1,-3)$，$D(-10,6)$，求：

(1) $\overrightarrow{AB}$，$\overrightarrow{BA}$；　(2) $\overrightarrow{CD}$，$\overrightarrow{DC}$；　(3) $3\overrightarrow{AB}+2\overrightarrow{CD}$.

解 (1) $\overrightarrow{AB}=(-9,4)$，$\overrightarrow{BA}=(9,-4)$；

(2) $\overrightarrow{CD}=(-11,9)$，$\overrightarrow{DC}=(11,-9)$；

(3) $3\overrightarrow{AB}+2\overrightarrow{CD}=(-49,30)$.

备注 熟练掌握向量坐标表示公式及和差公式、数乘公式.

例 2 求下列两个向量的内积，并判断它们是否垂直.

(1) 设 $\boldsymbol{a}=(5,-7)$，$\boldsymbol{b}=(-6,-4)$；

(2) 设 $\boldsymbol{a}=(3,4)$，$\boldsymbol{b}=(8,-6)$；

(3) 设 $\boldsymbol{a}=(1,0)$，$\boldsymbol{b}=(0,-2)$.

解 (1) $\boldsymbol{a}\cdot\boldsymbol{b}=5\times(-6)+(-7)\times(-4)=-2\neq0$，则 $\boldsymbol{a}$ 与 $\boldsymbol{b}$ 不垂直；

(2) $\boldsymbol{a}\cdot\boldsymbol{b}=3\times8+4\times(-6)=0\Rightarrow\boldsymbol{a}\perp\boldsymbol{b}$；

(3) $\boldsymbol{a}\cdot\boldsymbol{b}=1\times0+0\times(-2)=0\Rightarrow\boldsymbol{a}\perp\boldsymbol{b}$.

备注 两个非零向量垂直的等价条件：$\boldsymbol{a}\perp\boldsymbol{b}\Leftrightarrow\boldsymbol{a}\cdot\boldsymbol{b}=0\Leftrightarrow x_1x_2+y_1y_2=0$.

例 3　已知 $\boldsymbol{a}=(1,\sqrt{3})$，$\boldsymbol{b}=(\sqrt{3}+1,\sqrt{3}-1)$，求 $\boldsymbol{a}$ 与 $\boldsymbol{b}$ 的夹角.

解　由已知得 $\boldsymbol{a}\cdot\boldsymbol{b}=\sqrt{3}+1+\sqrt{3}(\sqrt{3}-1)=4$，

$$|\boldsymbol{a}|=2,|\boldsymbol{b}|=2\sqrt{2},$$

设 $\boldsymbol{a}$ 与 $\boldsymbol{b}$ 的夹角为 θ，则 $\cos\theta=\dfrac{\boldsymbol{a}\cdot\boldsymbol{b}}{|\boldsymbol{a}|\cdot|\boldsymbol{b}|}=\dfrac{\sqrt{2}}{2}$，又因为 $0\leqslant\theta\leqslant\pi$，所以 $\theta=\dfrac{\pi}{4}$.

例 4　已知 $\boldsymbol{a}=(k+1,-1)$，$\boldsymbol{b}=(3,2k-1)$，是否存在 k，使得

(1) $\boldsymbol{a}\perp\boldsymbol{b}$；　　(2) $\boldsymbol{a}/\!/\boldsymbol{b}$.

解　(1) $\boldsymbol{a}\perp\boldsymbol{b}\Rightarrow\boldsymbol{a}\cdot\boldsymbol{b}$，即 $3k+3-2k+1=0\Rightarrow k=-4$；

(2) $\boldsymbol{a}/\!/\boldsymbol{b}\Rightarrow\dfrac{k+1}{3}=\dfrac{-1}{2k-1}$，即 $2k^2+k+2=0$，因为该方程无解，所以 k 不存在.

备注　两个向量平行的等价条件：$\boldsymbol{a}/\!/\boldsymbol{b}\Leftrightarrow x_1y_2=x_2y_1$.

【课后练习】

1. $\triangle ABC$ 中，$\overrightarrow{BA}=a$，$\overrightarrow{BC}=b$，且 $\boldsymbol{a}\cdot\boldsymbol{b}<0$，则这个三角形是　（　　）

A. 锐角三角形　　B. 直角三角形

C. 钝角三角形　　D. 不能确定

2. 已知向量 $\boldsymbol{a}=(3,4)$，$\boldsymbol{b}=(2,1)$，且 $(\boldsymbol{a}+x\boldsymbol{b})\perp(\boldsymbol{a}-\boldsymbol{b})$，则 $x=$　（　　）

A. 3　　B. $\dfrac{3}{2}$　　C. -3　　D. $-\dfrac{3}{2}$

3. 如果向量 $\boldsymbol{a}=(2,-3)$，$\boldsymbol{b}=(3,2)$，那么　（　　）

A. $\boldsymbol{a}/\!/\boldsymbol{b}$　　B. $\boldsymbol{a}\perp\boldsymbol{b}$

C. $\boldsymbol{a}$ 与 $\boldsymbol{b}$ 的夹角为 $60°$　　D. $|\boldsymbol{a}|=1$

4. 设向量 $\boldsymbol{a}=(3,4)$，$\boldsymbol{b}=(-1,2)$，$\boldsymbol{c}=(3,-1)$，则 $\boldsymbol{a}\cdot(\boldsymbol{b}+3\boldsymbol{c})=$　（　　）

A. 20　　B. -20　　C. -28　　D. 0

5. 起点为原点 O 的向量 $\boldsymbol{a}=(\sin30°,\cos210°)$，终点在第______象限，$|\boldsymbol{a}|=$________.

6. 已知向量 $\boldsymbol{a}=(1,0)$，$\boldsymbol{b}=(2,1)$，当实数 k 为何值时，向量 $k\boldsymbol{a}-\boldsymbol{b}$ 与 $\boldsymbol{a}+3\boldsymbol{b}$ 平行？并确定此时它们是同向还是反向.

7. 若点 $A(1,2)$，$B(3,2)$，且向量 $\boldsymbol{a}=(x+3,x^2-3x-4)$，$\boldsymbol{a}$ 与 $\overrightarrow{AB}$ 相等，求 x 的值.

8. 已知向量 $\boldsymbol{a}=(\sin\alpha,3)$，$\boldsymbol{b}=(\cos\alpha,1)$，且 $\boldsymbol{a}/\!/\boldsymbol{b}$，求下列各式的值：

(1) $\tan\alpha$；　　(2) $4\sin^2\alpha-\sin2\alpha$.

【信息手段】

已知 $\boldsymbol{a}=(3,-9)$，$\boldsymbol{b}=(-6,-4)$，利用 Excel 计算 $\boldsymbol{a}\cdot\boldsymbol{b}$.

第一步，新建 Excel 文件；

第二步，在 A1 到 A2 中输入 $\boldsymbol{a}$ 的坐标，在 B1 到 B2 中输入 $\boldsymbol{b}$ 的坐标；

第三步，在 B3 中输入＝SUMPRODUCT(A1:A2,B1:B2)，按回车键，即可得到 $\boldsymbol{a}\cdot\boldsymbol{b}$ 的结果（图 7-21）.

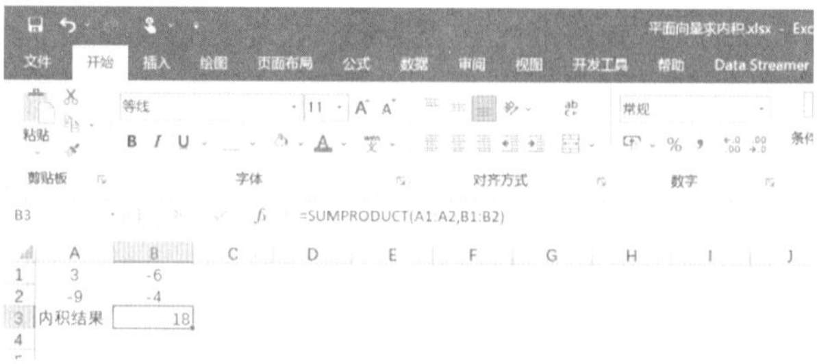

图 7-21

【数学文化】

向量的应用

向量理论的起源与发展主要有三条线索：物理学中的速度和力的平行四边形法则、位置几何、复数的几何表示. 物理学中的速度和力的平行四边形法则是向量理论的一个重要起源之一.

18 世纪中叶之后，欧拉、拉格朗日、拉普拉斯和柯西等的工作直接导致了 19 世纪中叶向量力学的建立. 同时，向量的概念是近代数学中重要和基本的概念之一，它有着深刻的几何背景，始于莱布尼茨的位置几何. 现代向量理论是在复数的几何表示这条线索上发展起来的.

平面向量的坐标表示在许多实际应用中都有广泛的应用. 例如：

飞行导航：在飞行导航中，平面向量可以用来表示飞机的位置和航向. 通过使用向量的坐标表示，可以计算出飞机当前的坐标和方向，以便进行导航和飞行控制.

图形设计和计算机图形学：在图形设计和计算机图形学中，平面向量的坐标表示可以用来描述点、线和多边形的位置和形状. 通过操作向量的坐标，可以进行图形变换、旋转和缩放等操作，从而实现各种图形效果和动画效果.

物体运动分析：在物理学和工程学中，平面向量的坐标表示可以用来描述物体的位置、速度和加速度．通过对向量的坐标进行微分和积分运算，可以得到物体的运动轨迹、速度变化和加速度分布等信息，对于物体的运动分析和工程设计具有重要意义.

结构力学：在建筑结构和机械工程中，平面向量的坐标表示可以用来描述力的大小和方向．通过将力的向量的坐标进行叠加和分解，可以计算结构与物体受力情况下的平衡条件、应力分布等参数，为结构设计和工程分析提供依据.

这些只是平面向量坐标表示在实际应用中的一些例子，实际上，平面向量的坐标表示在许多领域都有广泛的应用，包括物理学、工程学、计算机科学、经济学等.

【拓展应用】

帆船是借助风帆推动船只在规定距离内竞速的一项水上运动．1900 年，第 2 届奥运会上，帆船被列为正式比赛项目，帆船的最大动力来源是“伯努利效应”．如果一帆船所受“伯努利效应”产生力的效果可使船向北偏东 30° 以 20 km/h 的速度行驶，而此时水的流向是正东，流速为 20 km/h．若不考虑其他因素，求帆船的速度与方向.

自我检测

一、选择题

1. 下列说法错误的是（　　）

A. 零向量平行于任何向量

B. 对任意三点 A,B,C，一定有$\overrightarrow{AB}+\overrightarrow{BC}=\overrightarrow{AC}$

C. 若$\overrightarrow{AB}=m\overrightarrow{CD}$，则$\overrightarrow{AB}/\!/\overrightarrow{CD}$

D. 若 $\boldsymbol{a}=m\boldsymbol{i}$，$\boldsymbol{b}=n\boldsymbol{j}$，则当 $m=n$ 时，$\boldsymbol{a}=\boldsymbol{b}$

2. 如图 7-22 所示，设 O 是等边三角形 ABC 的中心，则$\overrightarrow{AO}$，$\overrightarrow{BO}$，$\overrightarrow{CO}$是（　　）

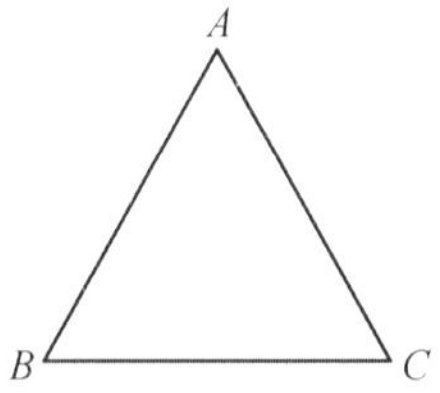

图 7-22

A. 相等向量　　B. 模相等的向量

C. 共线向量　　D. 共起点的向量

3. 已知 $A(1,-2)$，$B(2,1)$，$C(0,k)$，若$\overrightarrow{AB}/\!/\overrightarrow{BC}$，则 $k=$（　　）

A. 7　　B. -5　　C. $\dfrac{5}{3}$　　D. 3

4. 设向量 $\boldsymbol{a}=-4\boldsymbol{i}+2\boldsymbol{j}$，则向量 $\boldsymbol{a}$ 的坐标为（　　）

A. $(2,-4)$　　B. $(-4,2)$

C. $(4,-2)$　　D. $(-4,-2)$

5. 已知 $\boldsymbol{a}\cdot\boldsymbol{b}=-8$，$\boldsymbol{a}=\sqrt{2}$，$\boldsymbol{b}=4\sqrt{2}$，则$\langle\boldsymbol{a},\boldsymbol{b}\rangle=$（　　）

A. $0°$　　B. $90°$　　C. $180°$　　D. $270°$

6. $\overrightarrow{AB}-\overrightarrow{AC}-\overrightarrow{BC}=$（　　）

A. $2\overrightarrow{BC}$　　B. $2\overrightarrow{CB}$　　C. $\boldsymbol{0}$　　D. 0

7. 已知 $\boldsymbol{a}=(1,-1)$，$\boldsymbol{b}=(-2,-1)$，则 $\boldsymbol{a}\cdot\boldsymbol{b}=$（　　）

A. 1　　B. -1　　C. 2　　D. -2

8. 如图 7-23 所示，在四边形 $ABCD$ 中，设$\overrightarrow{AB}=\boldsymbol{a}$，$\overrightarrow{AD}=\boldsymbol{b}$，$\overrightarrow{BC}=\boldsymbol{c}$，则$\overrightarrow{CD}=$（　　）

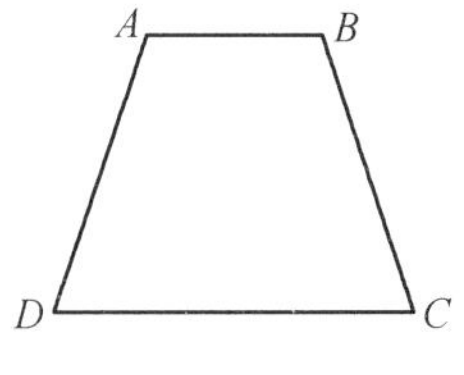

图 7-23

A. $\boldsymbol{a}+\boldsymbol{b}-\boldsymbol{c}$　　B. $\boldsymbol{b}-\boldsymbol{a}-\boldsymbol{c}$

C. $\boldsymbol{a}-\boldsymbol{b}-\boldsymbol{c}$　　D. $\boldsymbol{b}-\boldsymbol{a}+\boldsymbol{c}$

9. 下列各组向量中互相垂直的是 ( )

A. $\boldsymbol{a}=(-3,5),\boldsymbol{b}=(-1,5)$　B. $\boldsymbol{a}=(3,2),\boldsymbol{b}=(-3,-2)$

C. $\boldsymbol{a}=(3,4),\boldsymbol{b}=(4,-3)$　D. $\boldsymbol{a}=(-3,3),\boldsymbol{b}=(-1,1)$

10. 两个非零向量 $\boldsymbol{a},\boldsymbol{b}$ 的夹角范围是 ( )

A. $(0,\pi)$　B. $(0,\pi]$　C. $[0,\pi]$　D. $[0,\pi)$

11. 已知点 $A(2,0),B(-1,3)$,则$\overrightarrow{AB}$的坐标为 ( )

A. $(-3,3)$　B. $(3,-3)$　C. $(2,2)$　D. $(-2,2)$

12. 设向量 $\boldsymbol{a}=\boldsymbol{i}+2\boldsymbol{j},\boldsymbol{b}=-\boldsymbol{i}+\boldsymbol{j}$,则向量 $\boldsymbol{a}-\boldsymbol{b}$ 的坐标为 ( )

A. $(3,0)$　B. $(0,3)$　C. $(2,1)$　D. $(3,-1)$

13. 下列各组向量中互相平行的是 ( )

A. $\boldsymbol{a}=(-3,0),\boldsymbol{b}=(-1,0)$　B. $\boldsymbol{a}=(3,-2),\boldsymbol{b}=(-3,-2)$

C. $\boldsymbol{a}=(4,-3),\boldsymbol{b}=(-2,-1)$　D. $\boldsymbol{a}=(3,3),\boldsymbol{b}=(-1,1)$

14. 已知向量 $\boldsymbol{a}=(3,-2)$与向量 $\boldsymbol{b}=(2,x)$垂直,则 $x=$ ( )

A. 1　B. 2　C. 3　D. 4

15. 已知 D 为$\triangle ABC$ 的边 BC 的中点,若$\triangle ABC$ 所在平面内有一点 P,满足$\overrightarrow{PA}+\overrightarrow{BP}+\overrightarrow{CP}=\mathbf{0}$,设$\dfrac{|\overrightarrow{AP}|}{|\overrightarrow{PD}|}=\lambda$,则 λ 的值为 ( )

A. 1　B. 2　C. 3　D. 4

二、填空题

1. 若 $\boldsymbol{a}=x\boldsymbol{i}+y\boldsymbol{j}$,则向量 $\boldsymbol{a}$ 的坐标为__________.

2. 已知 $\boldsymbol{a}=(4,-3),\boldsymbol{b}=(5,2)$,则 $\boldsymbol{a}+\boldsymbol{b}=$________,$\boldsymbol{a}-2\boldsymbol{b}=$________.

3. 若正方形 $ABCD$ 的边长为 1,$\overrightarrow{AB}=\boldsymbol{a},\overrightarrow{BC}=\boldsymbol{b},\overrightarrow{AC}=\boldsymbol{c}$,则$|\boldsymbol{a}+\boldsymbol{b}+\boldsymbol{c}|=$________.

4. 已知 $\boldsymbol{a}=(2,-3),\boldsymbol{b}=\left(\dfrac{1}{2},2\right)$,则 $\boldsymbol{a}\cdot\boldsymbol{b}=$________.

5. 已知向量 $\boldsymbol{m}=(a,b),\boldsymbol{m}\perp\boldsymbol{n},|\boldsymbol{m}|=|\boldsymbol{n}|$,则向量 $\boldsymbol{n}$ 的坐标是__________.

6. 以原点 O 和 $A(4,2)$为两个顶点作等腰直角三角形 OAB,$\angle B=90°$,则点 B 的坐标是__________.

7. 已知 $\boldsymbol{a}=(0,2),\boldsymbol{b}=(4,0)$,则 $\boldsymbol{a}$ 与 $\boldsymbol{b}$ ________.(填“平行”或“垂直”).

8. 若 O 是$\triangle ABC$ 所在平面内一点,且满足$|\overrightarrow{OB}-\overrightarrow{OC}|=|\overrightarrow{OB}+\overrightarrow{OC}-$

$2\overrightarrow{OA}|$，则$\triangle ABC$的形状为____________.

9. 已知点 $A(2,3)$，$B(-1,5)$，且$\overrightarrow{AC}=\frac{1}{3}\overrightarrow{AB}$，$\overrightarrow{AD}=3\overrightarrow{AB}$，则点 C，D 的坐标分别为____________.

10. 已知 $\boldsymbol{a}=4$，$\boldsymbol{b}=5$，$\boldsymbol{a}$ 与 $\boldsymbol{b}$ 的夹角 $\theta=45^{\circ}$，则 $\boldsymbol{a}\cdot\boldsymbol{b}=$__________.

三、解答题

1. 已知 $\boldsymbol{a}=(-2,7)$，$\boldsymbol{b}=(3,-2)$，求：

(1) $\boldsymbol{a}+\boldsymbol{b}$；　　(2) $2\boldsymbol{a}-3\boldsymbol{b}$.

2. 已知 $\boldsymbol{a}=(x,9)$，$\boldsymbol{b}=(1,x)$，当 x 是何值时，

(1) $\boldsymbol{a}/\!/\boldsymbol{b}$；　　(2) $\boldsymbol{a}\perp\boldsymbol{b}$.

3. 已知 $\boldsymbol{a}=(-1,2)$,$\boldsymbol{b}=(-3,1)$,求 $\boldsymbol{a}\cdot\boldsymbol{b}$,$|\boldsymbol{a}|$,$|\boldsymbol{b}|$,$\langle\boldsymbol{a}\cdot\boldsymbol{b}\rangle$.

4. 已知 $\boldsymbol{a}=(-2,4)$,$\boldsymbol{b}=(6,m)$.

(1) 若 $\boldsymbol{a}\perp\boldsymbol{b}$,求 m;

(2) 若 $\boldsymbol{a}/\!/\boldsymbol{b}$,求 m.

5. 已知 $\boldsymbol{a}=(2,-3)$，$\boldsymbol{b}=(1,1)$，求：

(1) $\boldsymbol{a}\cdot\boldsymbol{b}$；　　　　(2) $\boldsymbol{a}$ 与 $\boldsymbol{b}$ 夹角的余弦值.

6. 已知 $|\boldsymbol{a}|=2$，$|\boldsymbol{b}|=3$，且 $\boldsymbol{a}$ 与 $\boldsymbol{b}$ 反向，求：

(1) $\langle\boldsymbol{a},\boldsymbol{b}\rangle$；　　　　(2) $\boldsymbol{a}\cdot\boldsymbol{b}$.

7. 如图 7-24 所示,已知平行四边形 $ABCD$ 的三个顶点 $A(-2,-1)$,$B(3,0)$,$C(2,3)$,求:

(1) $\overrightarrow{BA}+\overrightarrow{BC}$;

(2) 顶点 D 的坐标.

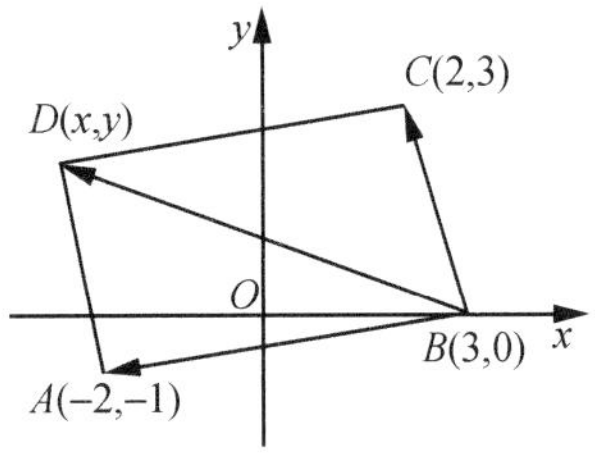

图 7-24

第8章　直线与圆的方程

8.1　两点间距离公式及中点公式

【学习目标】

1. 掌握两点间距离公式及中点公式.
2. 能借助“数形结合”的方法解决问题.

【重点难点】

重点:两点间距离公式及中点公式的运用.

难点:两点间距离公式的理解,数形结合的思想方法的感悟.

【微课导学】

扫下面的二维码,学习微课“两点间距离公式”“两点间中点公式”.

【自主学习】

1. 两点间距离公式.

已知两点 $A(x_1,y_1)$,$B(x_2,y_2)$,则 $|AB|=$____________________.

2. 两点间中点公式.

已知线段 AB 两端点的坐标为 $A(x_1,y_1)$,$B(x_2,y_2)$,设线段 AB 的中点为 $C(x,y)$,则 C,A,B 坐标之间的关系为:$x=$___________,$y=$___________.

3. 已知两点 $A(4,4)$,$B(0,1)$,则 $|AB|=$___________.

4. 已知点 $A(1,2)$,$B(3,2)$,则线段 AB 的中点坐标为 $x=$_________,$y=$_________.

【探究任务】

任务

阅读材料,回答问题.

材料 围棋起源于中国,围棋使用方形格状棋盘及黑白二色圆形棋子,棋盘上有纵横各 19 条线段,将棋盘分成 361 个交叉点,棋子走在交叉点上,双方交替行棋,落子后不能移动,以围地多者为胜.

我们把围棋的棋盘看作平面直角坐标系,黑白棋子所落的位置即可以用点的坐标表示. 棋盘上两枚棋子间隔大小、中点位置对应的就是平面直角坐标系上两点间的距离和线段的中点.

问题 1 如图 8-1 所示,两枚黑色棋子间隔大小是多少?

问题 2 如图 8-2 所示,根据勾股定理,探究两枚黑色棋子间隔大小.

问题 3 如图 8-3 所示,在平面直角坐标系中,若线段的两个端点分别为 $A(x_1,y_1)$,$B(x_2,y_2)$,根据勾股定理,探究 A,B 两点间的距离.

问题 4 如图 8-1 所示,在这两枚黑色棋子的中点位置放一枚棋子,应该放在什么位置?

问题 5 如图 8-4 所示,在平面直角坐标系中,若线段的两个端点分别为 $A(x_1,y_1)$,$B(x_2,y_2)$,线段 AB 的中点为 $M(x_0,y_0)$. 作辅助线,探究线段

AB 的中点 $M(x_0,y_0)$ 的坐标.

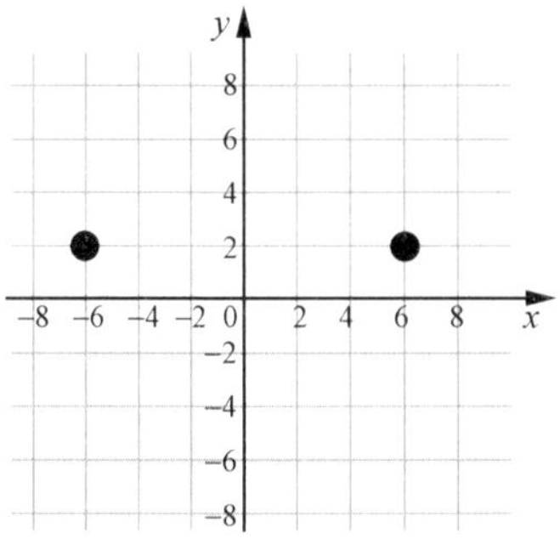

图 8-1

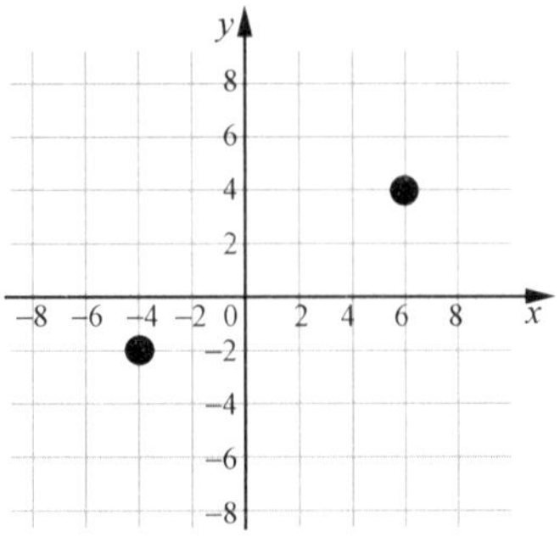

图 8-2

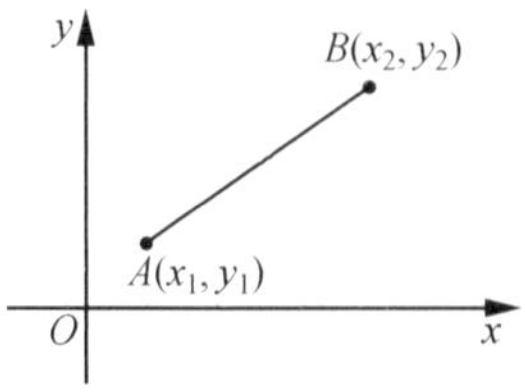

图 8-3

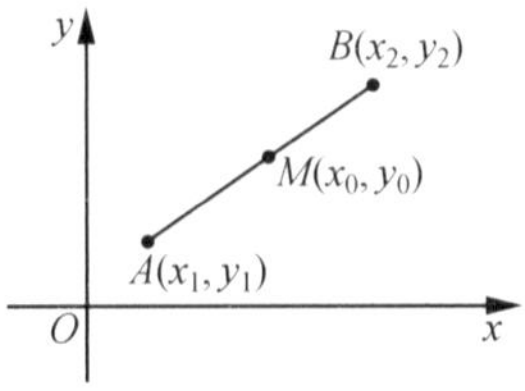

图 8-4

【典例解析】

例 1　已知点 $A(-7,5)$ 关于点 Q 的对称点为 $B(5,13)$，求点 Q 的坐标.

解　点 A 关于点 Q 的对称点为点 B，则点 Q 为线段 AB 的中点.

设点 Q 的坐标为 (x,y)，由中点公式，得

$$x=\frac{-7+5}{2}=-1,\ y=\frac{5+13}{2}=9,$$

则点 Q 坐标为 $(-1,9)$.

备注　中点公式涉及三个点的坐标，求点的坐标时要厘清点的关系.

例 2　已知三角形 ABC 的三个顶点 $A(-1,0)$，$B(1,0)$，$C\left(\frac{1}{2},\frac{\sqrt{3}}{2}\right)$.

(1) 求证 $\triangle ABC$ 是直角三角形；

(2) 若 AB 的中点为 D，求 AB 边上的中线的长.

解　(1) 根据平面内两点间距离公式，得

$$|AB|=\sqrt{(-1-1)^2+(0-0)^2}=2.$$

同理，$|BC|=1$，$|AC|=\sqrt{3}$.

又$|AC|^2+|BC|^2=|AB|^2$,所以$\triangle ABC$是直角三角形.

(2) 因为线段AB的中点D的坐标为$(0,0)$,所以AB边上的中线长

$$|CD|=\sqrt{\left(\frac{1}{2}-0\right)^2+\left(\frac{\sqrt{3}}{2}-0\right)^2}=1.$$

备注 两点间距离公式和中点公式是点与点之间的基本公式,需熟练掌握.

【课后练习】

1. 已知点$A(-5,2)$和点$B(-3,-4)$,则线段AB的中点坐标是( )

A. $(-4,-1)$ B. $(1,-3)$ C. $(-1,3)$ D. $(4,1)$

2. 已知点$A(2,-1)$,$B(3,4)$,则$|AB|=$ ( )

A. $\sqrt{5}$ B. 5 C. $\sqrt{34}$ D. $\sqrt{26}$

3. 已知$\triangle ABC$的三个顶点的坐标分别为$(\sqrt{3}a,0)$,$(-\sqrt{3}a,0)$,$(0,-2a)$,则$\triangle ABC$为 ( )

A. 等腰三角形 B. 等腰直角三角形

C. 直角三角形 D. 等边三角形

4. 已知点$A(-1,-1)$,$B(b,5)$,且$|AB|=10$,则$b=$________.

5. x轴上的点P与点$(-1,3)$的距离为5,则点P的坐标为________.

6. 已知$\triangle ABC$的三个顶点分别是$A\left(1,\frac{1}{2}\right)$,$B(-3,4)$,$C(2,6)$,求$BC$边上的中线$AD$的长.

7. 已知两点 $M(-1,m)$，$N(n,5)$，若点 M 关于点 $(0,-3)$ 的对称点为点 N，求 m，n 及线段 MN 的长度.

8. 已知点 $A(0,3)$，$B(-1,0)$，$C(3,0)$，若四边形 $ABCD$ 为平行四边形，求点 D 及对角线交点 O 的坐标.

【数学文化】

北斗卫星导航系统(BDS)是中国自行研制的全球卫星导航系统，是继美国全球定位系统(GPS)、俄罗斯格洛纳斯卫星导航系统(GLONASS)之后，世界上第三个技术成熟的卫星导航系统. 卫星导航系统的应用十分广泛，在气象预报、道路交通管理、航空运输、应急救援和军事等方面都有重要的应用. 导航系统的基础是精准定位，而精准定位需要建立科学的坐标系.

解析几何，又称为坐标几何，是用代数方法研究几何图形和变换性质的一门学科. 通过建立坐标系，用坐标表示平面及空间中的点. 坐标思想是由法国著名的哲学家、数学家笛卡尔创立的. 笛卡尔对现代数学的发展做出了重要贡献，被称为解析几何之父.

【拓展应用】

在平面直角坐标系中标出 $A(4,5)$,$B(0,2)$,$C(-4,1)$三个点,并求证这三个点共线.

8.2　直线的倾斜角和斜率

【学习目标】

1. 理解直线倾斜角的概念，掌握直线倾斜角的范围、直线斜率的概念和公式.

2. 能在直角坐标系中标出直线的倾斜角，理解倾斜角和斜率的关系，以及根据不同条件求直线的斜率.

【重点难点】

重点：直线倾斜角的概念和范围，直线斜率的概念和公式.

难点：倾斜角和斜率的关系，以及根据不同条件求直线的斜率.

【微课导学】

扫下面的二维码，学习微课“直线的倾斜角”“直线的斜率”.

【自主学习】

1. 直线的倾斜角.

设 l 是直角坐标系中一条与 x 轴相交的直线，x 轴正半轴绕着交点按__________旋转到与直线重合时所转的最小正角记为 α，那么 α 就叫作________________.

2. 直线的倾斜角范围.

直线的倾斜角范围为__________. 当直线与 x 轴平行或重合时,倾斜角规定为__________;当直线与 x 轴垂直时,倾斜角规定为__________.

3. 直线的斜率.

直线倾斜角 $\alpha(\alpha\neq90^\circ)$的__________叫作直线的斜率. 直线的斜率通常用 k 表示,即 $k=$__________$(\alpha\neq90^\circ)$. 任何一条直线都有__________,但不是所有的直线都有__________.

4. 倾斜角 α 与斜率 k 之间的关系.

(1) 当 $k=0$,即直线与 y 轴垂直时,$\alpha=$__________;

(2) 当 $k>0$,即直线的倾斜角为锐角时,$\alpha\in$__________;

(3) 当 $k<0$,即直线的倾斜角为钝角时,$\alpha\in$__________;

(4) 当斜率 k 不存在,即直线与 x 轴垂直时,$\alpha=$__________,反之,$\alpha=$__________时,则 k 不存在.

5. 斜率公式.

平面上经过两点 $A(x_1,y_1)$,$B(x_2,y_2)(x_1\neq x_2)$的直线 l 的斜率为 k,则 $k=$__________. 当 $x_1=x_2$ 时,直线 $l\perp x$ 轴(平行于 y 轴或与其重合),直线 l 的斜率__________.

6. 下列命题正确的是 ( )

A. 一条直线和 x 轴正方向所成的正角是这条直线的倾斜角

B. 直线的倾斜角范围为$[0^\circ,180^\circ]$

C. 和 x 轴平行的直线的倾斜角为 180°

D. 每条直线都存在倾斜角,但并非每条直线都存在斜率

7. 若直线 l_1 与 l_2 垂直,且 l_1 的斜率不存在,则 l_2 的斜率为__________.

8. 已知两点 $A(3,0)$,$B(0,\sqrt{3})$,则直线 AB 的倾斜角 α 和斜率 k 分别为 ( )

A. $\alpha=30^\circ,k=\frac{\sqrt{3}}{3}$　　B. $\alpha=120^\circ,k=-\sqrt{3}$

C. $\alpha=150^\circ,k=-\frac{\sqrt{3}}{3}$　　D. $\alpha=60^\circ,k=\sqrt{3}$

【探究任务】

任务一

小组合作，动手画一画.

我们已经知道，两点确定一条直线. 如果只知道直线过一个已知点，那么这样的直线有多少条(图 8-5)？若要确定其中的一条直线，还需要添加什么条件？

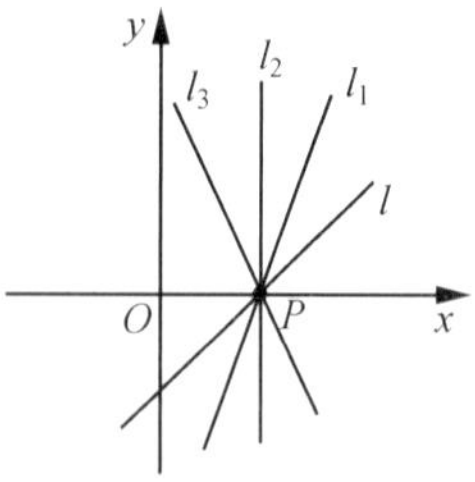

图 8-5

任务二

阅读材料，小组交流，回答问题.

材料　随着科技的不断发展，我国的高速公路建设越来越完善，截至 2018 年 12 月 28 日，我国高速公路总里程已达 14 万千米，位居全球第一. 截至 2020 年年底，全国公路总里程达 519.81 万千米，其中高速公路里程达 16.1 万千米. 截至 2022 年年底，全国综合交通网络的总里程超过 600 万千米，公路通车里程为 535 万千米，高速公路通车里程为 17.7 万千米.

问题　如果把高速公路的某一段近似看成一条直线(图 8-6)，其相对于地面的倾斜程度应该怎样表示呢？

图 8-6

【典例解析】

例 1 已知 $M(m+3,m)$,$N(m-2,1)$.

(1) 当 m 为何值时,直线 MN 的倾斜角为锐角?

(2) 当 m 为何值时,直线 MN 的倾斜角为钝角?

(3) 当 m 为何值时,直线 MN 的倾斜角为 $0°$?

解 (1) 由倾斜角是锐角,知 $k>0$,则有

$$\frac{1-m}{(m-2)-(m+3)}>0,$$

此时,$m>1$. 故当 $m>1$ 时,倾斜角为锐角.

(2) 由倾斜角是钝角,知 $k<0$,则有

$$\frac{1-m}{(m-2)-(m+3)}<0,$$

此时,$m<1$. 故当 $m<1$ 时,倾斜角为钝角.

(3) 由倾斜角为 $0°$,知 $k=0$,则有

$$\frac{1-m}{(m-2)-(m+3)}=0,$$

此时 $m=1$. 故当 $m=1$ 时,倾斜角为 $0°$.

备注 本题解题的关键是掌握倾斜角 α 与斜率 k 之间的关系.

例 2 已知三点 $A(a,2)$,$B(3,7)$,$C(-2,-9a)$在一条直线上,求实数 a 的值.

解 由题意,知 $k_{AB}=k_{BC}$,则有

$$\frac{7-2}{3-a}=\frac{-9a-7}{-2-3},$$

所以 $a=2$ 或 $a=\frac{2}{9}$.

备注 共线三点中任意两点确定的直线斜率相等,即 $k_{AB}=k_{AC}=k_{BC}$.

【课后练习】

1. 过点 $M(-2,a)$ 和 $N(a,4)$ 的直线的倾斜角等于 $\frac{\pi}{4}$，则 a 的值为（　　）

A. 1　　B. 2　　C. 1 或 3　　D. 1 或 4

2. 直线 l 经过原点和点 $(4,-4)$，则直线 l 的倾斜角为（　　）

A. 45°　　B. 135°　　C. 45° 或 135°　　D. -45°

3. 若直线 l 经过原点和点 $(-3,-3)$，则直线 l 的倾斜角为（　　）

A. $\frac{\pi}{4}$　　B. $\frac{5\pi}{4}$　　C. $\frac{\pi}{4}$ 或 $\frac{5\pi}{4}$　　D. $-\frac{\pi}{4}$

4. 直线的倾斜角 α 的取值范围是________，斜率 k 的取值范围是________. 当 $\alpha \in \left[0,\frac{\pi}{2}\right)$ 时，$k \in$________；当 $\alpha \in \left(\frac{\pi}{2},\pi\right)$ 时，$k \in$________.

5. 已知直线 l 的倾斜角为 α，且 $45^\circ \leqslant \alpha \leqslant 120^\circ$，则直线 l 的斜率 k 的范围为________.

6. 过点 $P(1,\sqrt{3})$ 的直线 l 与 y 轴的正半轴没有公共点，求直线 l 的倾斜角的范围.

7. 已知直线 l 的倾斜角为 α，若 $\cos\alpha = -\frac{4}{5}$，则直线 l 的斜率是多少？

8. 已知直线过两点 $M(-1,a)$,$N(a,3a)$,且倾斜角为 $45°$,求 a.

【数学文化】

楼间距是两相邻楼房的外墙面的距离(图 8-7). 建筑间距的控制是为了让住户的工作环境、生活质量及安全得到保障,满足每天必需的日照时间、采光、通风及隔音的要求.

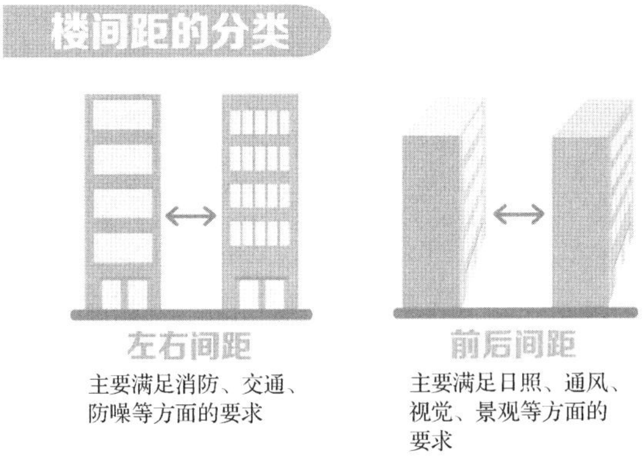

图 8-7

国家规定,房屋前后楼的间距:普通的小区居民楼可以用$\frac{楼高}{楼间距}=\frac{1}{1.2}$的比值来进行计算. 按照国家的相关规定,以冬至的日照时间不低于 1 h 为标准. 房屋左右的间距:多层和多层建筑房屋间距是 6 m,多层和高层(12 层以上)的间距是 9 m,高层和高层的间距是 13 m(图 8-8).

楼间距的生活效用主要体现在四个方面,分别是采光、通风、隐私保护及防噪,采光效用尤为突出. 南向的房子采光效果相对较好,但是若楼间距过近,即使是朝南的房子也可能会出现采光不足的现象. 一层的住户就会有深切的体会,尤其到了冬天,有时候白天也需要开灯,这往往就是楼间距过近造成的.

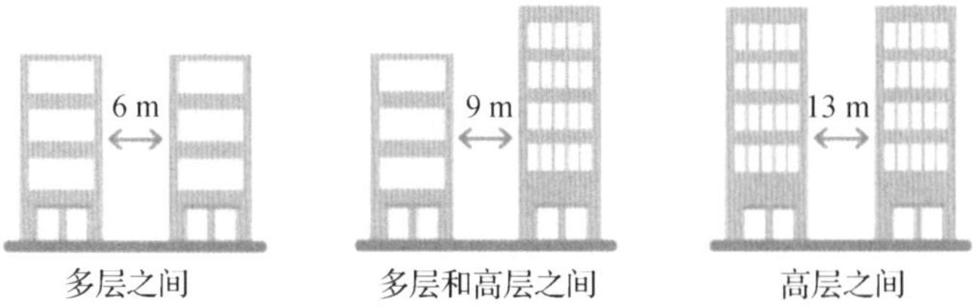

图 8-8

除了有足够的日照时间外，良好的通风性能也是衡量一个房子住得是否健康舒适的非常重要的指标. 而楼间距小的话，前楼会对后楼的通风造成影响.

隐私保护是大家比较重视的一个问题. 而楼间距过小肯定会对隐私保护不利. 当然，可以把窗帘拉上，但正常采光又会受到影响.

由于楼间距太小，在两楼之间穿行的行人和车辆的噪声会清晰地传到屋内，甚至晚上对面楼的电视声、门铃声等都会听得到.

消防安全也是一个大问题. 一些小区楼的间距本来就很小，再加上通道两旁停满了业主的机动车或非机动车，真要发生火灾时消防车根本开不进来，只好眼睁睁看着火势肆意蔓延，所以楼间距太小的小区在安全上也会存在非常大的隐患.

因此，楼间距在我们的生活中是至关重要的. 如何来计算楼间距呢？计算公式如下：

$$D=\frac{H-H_1}{\tan h}.$$

以房屋长边向阳，朝阳向正南，正午太阳照到后排房屋底层窗台为依据来进行计算. 如图 8-9 所示，h 为太阳高度角，H 为前幢房屋顶面至地面高度，H_1 为后幢房屋窗台至地面高度（根据现行设计规范，一般 H_1 取值为 0.9 m，当 $H_1>0.9$ m 时，仍按照 0.9 m 取值），D 为日照间距.

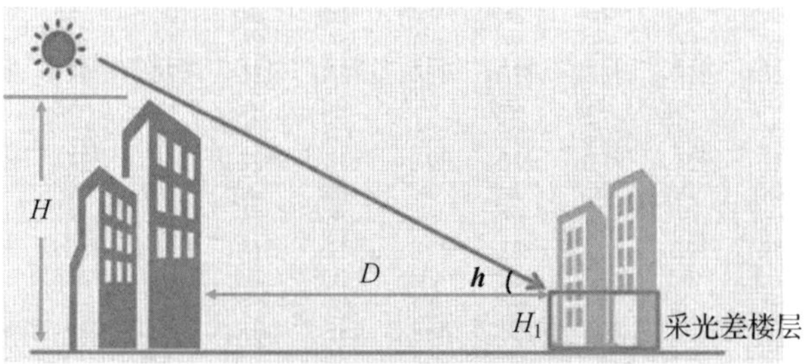

图 8-9

当然,也可以根据日照间距系数换算过来. 在这里我们设置日照间距系数为 L,根据日照间距系数 $L=\dfrac{D}{H-H_1}$,解得 $D=L\times(H-H_1)$.

也就是说,须知前幢楼的檐高,才能确定离你家几米建房对自己房间日照是否有影响.

【拓展应用】

八达岭隧道是中国自行修建的第一座单线越岭铁路隧道. 位于北京市延庆区,京包铁路北京至张家口段(原京张铁路)的青龙桥车站附近,是詹天佑主持修建的京张铁路 4 座隧道之一.

一百年前,詹天佑主持设计修建京张铁路时遇到了很多难题,其中最大的难题就是修筑从南口到八达岭岔道城的关沟段铁路. 这段路地势陡,坡度大,最大坡度达 33‰,即每前进 1 000 m,坡度就上升 33 m. 这样的坡度,火车是不能直接爬上去的. 因为,当时火车最高爬坡率只有 25‰. 于是詹天佑借鉴美国高山地区铁路设计经验,设计出用“长度”换“高度”的“人字形”铁路(图 8-10).

图 8-10

尝试从斜率和倾斜角的角度进行解读.

8.3　直线的点斜式和斜截式方程

【学习目标】

1. 掌握点斜式、斜截式两种直线方程的形式，理解不同形式的直线方程的适用条件，能根据不同条件求出直线的方程.

2. 理解纵、横截距的概念(特别是纵截距的概念).

【重点难点】

重点：点斜式、斜截式两种直线方程的形式及其适用条件.

难点：根据不同条件求出直线的方程，理解纵截距的概念.

【微课导学】

扫下面的二维码，学习微课“直线的点斜式方程”“直线的斜截式方程”.

【自主学习】

1. 点斜式方程.

已知直线过点 $P(x_1,y_1)$，斜率为 k，则直线的点斜式方程为________________；已知直线过点 $P(x_1,y_1)$，斜率不存在，则直线的方程为________________.

2. 截距.

直线 l 与 x 轴的交点坐标为 $(a,0)$，与 y 轴的交点坐标为 $(0,b)$，称 a 为直

线 l 在 x 轴上的__________,称 b 为直线 l 在 y 轴上的__________.(截距可以__________0,可以__________0,也可以__________0)

3. 斜截式方程.

由直线的斜率 k 及在 y 轴上的截距 b 确定的方程,叫作直线的斜截式方程,即____________.

4. 经过点 $F(4,-2)$,倾斜角为 $\frac{\pi}{3}$ 的直线的方程为 ( )

A. $y-4=\sqrt{3}(x+2)$　　B. $y+2=\sqrt{3}(x-4)$

C. $y-4=-\sqrt{3}(x+2)$　　D. $y+2=-\sqrt{3}(x-4)$

5. 已知直线 l 在 y 轴上的截距为 3,斜率为 $\frac{1}{2}$,则直线的方程为__________________.

6. 经过点 $(-3,1)$,平行于 x 轴的直线的方程为______________,平行于 y 轴的直线的方程为______________.

7. 直线倾斜角 α 的取值范围为______________;若 $\alpha=0°$,则斜率 $k=$__________;若直线通过点 $A(0,-2)$,$B(-5,3)$,则斜率 $k=$__________.

【探究任务】

任务一

阅读材料,回答问题.

材料 新一代标准动车组“复兴号”是中国自主研发、具有完全知识产权的新一代高速列车(图 8-11),它集成了大量现代国产高新技术,牵引、制动、网络、转向架、轮轴等关键技术实现重要突破,是中国科技创新的又一重大成果. 2023 年 7 月 1 日,时速 160 km 的复兴号动车组在青藏铁路西宁至格尔木段正式运营.

图 8-11

问题 上述材料中行驶中的动车可以看作一条直线. 设直线 l 经过点

$A(-1,3)$，斜率为-2，点P为直线l上除点A以外的任意一点(图 8-12)，那么点P的坐标满足什么条件？这个条件可以用一个方程表示吗？

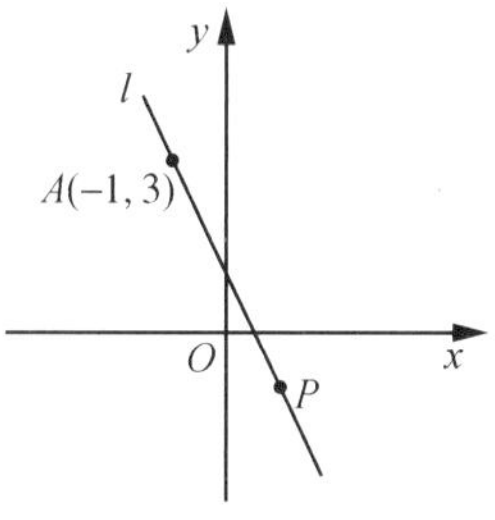

图 8-12

任务二

小组合作，探究点斜式直线方程.

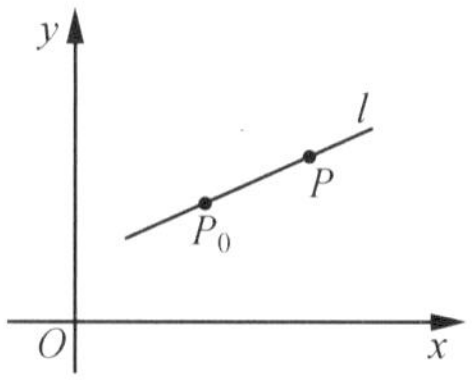

图 8-13

如图 8-13 所示，设点$P(x,y)$为直线l上异于点$P_0(x_0,y_0)$的任意一点，它与点$P_0(x_0,y_0)$连线的斜率k是确定的，由直线的斜率公式，得

$$k=\_\_\_\_\_\_\_\_\_\_\_\_,$$

即

$$\_\_\_\_\_\_\_\_=k(\_\_\_\_\_\_\_\_),$$

称为直线的点斜式方程.

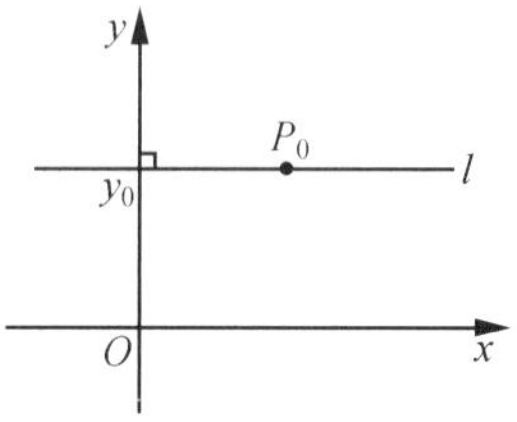

图 8-14

如图 8-14 所示，当斜率$k=0$时，直线l的方程为________. 此时，直线l平行于________(或与x轴重合).

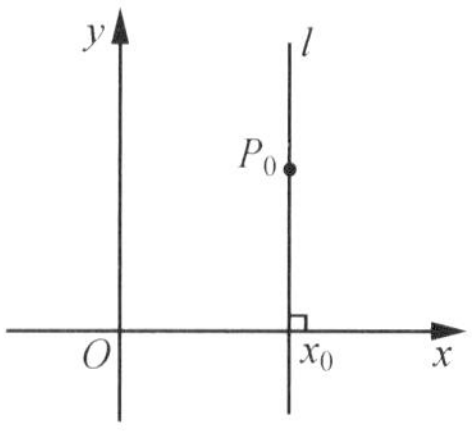

图 8-15

如图 8-15 所示，当斜率不存在时，直线l的方程为________. 此时，直线l平行于________(或与y轴重合).

任务三

小组合作，探究斜截式直线方程.

若直线l的斜率为k，且与y轴的交点坐标为$(0,b)$，则直线的点斜式方程为

$$y-\_\_\_\_\_\_=k(x-\_\_\_\_\_\_),$$

即

$$y=\underline{\qquad\qquad\qquad},$$

称为直线的斜截式方程.

【典例解析】

例 1 求下列直线的方程.

(1) 过点 $P(2,3)$,斜率为 1 的直线;

(2) 过点 $P(-2,-3)$,倾斜角为 $135°$的直线;

(3) 过点 $m(-2,3)$,且平行于 y 轴的直线.

解 (1) 由题意,得 $x_1=2,y_1=3,k=1$.

由直线的点斜式方程 $y-y_1=k(x-x_1)$,得

$$y-3=1\times(x-2),$$

所求直线的方程为 $x-y+1=0$.

(2) 由题意,得 $x_1=-2,y_1=-3,k=\tan135°=-1$.

由直线的点斜式方程,得

$$y+3=(-1)\times(x+2),$$

所求直线的方程为 $x+y+5=0$.

(3) 由题意,得直线上每一点的横坐标都等于-2. 因此所求直线的方程为 $x=-2$.

备注 已知一点和斜率,用点斜式方程求直线的方程.

例 2 求斜率 $k=\dfrac{1}{4}$,且与坐标轴围成三角形的面积为 2 的直线的方程.

解 设直线的方程为 $y=\dfrac{1}{4}x+b$. 令 $x=0$,则 $y=b$;令 $y=0$,则 $x=-4b$.

由直线与坐标轴围成的面积为 2,得

$$\frac{1}{2}|b|\cdot|-4b|=2,$$

解得 $b=\pm1$. 代入直线方程,得

$$y=\frac{1}{4}x+1 \text{ 或 } y=\frac{1}{4}x-1,$$

即 $x-4y+4=0$ 或 $x-4y-4=0$.

备注　已知斜率 k 和截距 b，用斜截式方程求直线的方程.

【课后练习】

1. 设直线 l 的倾斜角为 $\frac{\pi}{4}$，在 y 轴上的截距为 -5，则直线 l 的方程是（　　）

A. $y=-x+5$　　B. $y=x+5$

C. $y=-x-5$　　D. $y=x-5$

2. 已知点 $P(-2,m)$ 在点 $A(10,0)$ 和点 $B(0,-5)$ 的连线上，则 m 的值为（　　）

A. -2　　B. 2　　C. -8　　D. -6

3. 经过点 $(1,-2)$ 且斜率 $k=3$ 的直线的点斜式方程为__________.

4. 已知直线 l 经过原点和点 $(3,-5)$，则直线 l 的斜截式方程为__________.

5. 已知直线过点 $(-1,1)$，其倾斜角满足 $\cos\alpha=\frac{4}{5}$，求该直线的方程.

6. 根据下列条件，写出直线的方程：

(1) 经过点 $(-1,2)$，斜率为 7；

(2) 斜率为 -3，纵截距为 -4.

7. 已知直线 l 在 y 轴上的截距为 -4,其斜率与经过两点 $(0,3)$ 和 $(2,0)$ 的直线的斜率相等,求直线 l 的方程.

8. 直线 l 过点 $P(-2,3)$,其斜率是直线 $4x-y+5=0$ 斜率的 3 倍,求该直线的方程.

【数学文化】

图 8-16

欧几里得(图 8-16),古希腊数学家,被称为"几何之父".他最著名的著作《几何原本》是欧洲数学的基础,在书中他提出五大公设.

欧几里得的《几何原本》被广泛地认为是历史上最成功的教科书之一.《几何原本》是一部集前人思想和欧几里得个人创造性于一体的不朽之作,这部书已经基本囊括了几何学.它不仅保存了许多古希腊早期的几何学理论,而且通过欧几里得开创性的系统整理和完整阐述,使这些远古的数学思想发扬光大.它开创了古典数论的研究,在一系列公理、定义、公设的基础上,创立了欧几里得几何学体系,成为用公理化方法建立起来的数学演绎体系的典范.

明代数学家徐光启认为:此书为益,能令学理者祛其浮气,练其精心;学事者资其定法,发其巧思.故举世无一人不当学.……此书有四不必:不必疑,不必揣,不必试,不必改.有四不可得:欲脱之不可得,欲驳之不可得,欲减之不可得,欲前后更置之不可得.有三至三能:似至晦,实至明,故能以其明明他物之至晦;似至繁,实至简,故能以其简简他物之至繁;似至难,实至易,故能以其易易他物之至难.易生于简,简生于明,综其妙在明而已.

近代思想家梁启超曾说,最著名者,如利、徐合译之《几何原本》,字字精金美玉,为千古不朽之作,无用我再为赞叹了.

【拓展应用】

由中国建筑旗下中建设计集团设计的“亳州市体育馆”荣获美国建筑大奖 Architizer A+Awards 2019 评审团大奖，其建筑形体是下收上放的倒梯形.

图 8-17

从“亳州市体育馆”中抽象出数学问题，建立直角坐标系(图 8-18)，四边形 $ABCD$ 为等腰梯形，求：

(1) 线段 AB 所在直线的斜率；

(2) 线段 AB 所在直线的方程；

(3) 线段 BC 所在直线的方程.

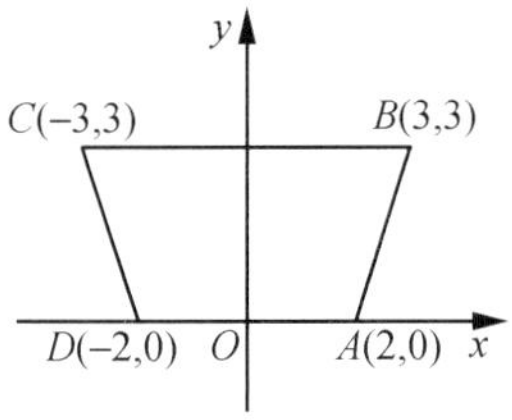

图 8-18

8.4　直线的一般式方程

【学习目标】

1. 掌握直线一般式方程的形式，能将不同形式的方程化成一般式方程.
2. 能将直线一般式方程化为斜截式方程，会求斜率和截距.

【重点难点】

重点：直线一般式方程的理解.

难点：直线一般式方程的应用.

【微课导学】

扫下面的二维码，学习微课“直线的一般式方程”.

【自主学习】

1. 在 x 轴和 y 轴上的截距分别是 -2，3 的直线的方程为　　　　(　　)

A. $2x-3y-6=0$　　　　B. $3x-2y-6=0$

C. $2x-3y+6=0$　　　　D. $3x-2y+6=0$

2. 下列说法正确的有　　　　(　　)

① 平面上任一条直线都可以用一个关于 x，y 的二元一次方程 $Ax+By+C=0$(A，B 不同时为 0)表示；

② 当 $C=0$ 时，方程 $Ax+By+C=0$(A，B 不同时为 0)表示的直线过

原点；

③ 当 $A=0, B\neq 0, C\neq 0$ 时，方程 $Ax+By+C=0$ 表示的直线与 x 轴平行；

④ 任何一条直线的一般式方程都能与点斜式、斜截式方程形式互化.

A. 1 个　　　B. 2 个　　　C. 3 个　　　D. 4 个

3. 已知直线 $l: ax+y-2=0$ 在 x 轴和 y 轴上的截距相等，则实数 $a=$__________.

4. 过点(2,1)，斜率为 2 的直线的方程为__________.

5. 斜率为 2，在 y 轴上的截距为 1 的直线的方程为__________.

6. 在 x 轴与 y 轴上的截距分别为 2,1 的直线的方程为__________.

7. 过点(2,1)，垂直于 x 轴的直线的方程为__________.

8. 过点(2,1)，垂直于 y 轴的直线的方程为__________.

【探究任务】

任务一

小组交流，回答问题.

问题 1　我们已经学习了直线方程的两种形式，分别是点斜式方程和斜截式方程，请指出它们的适用条件.

问题 2　点斜式方程和斜截式方程有什么共同特征？

问题 3　平面直角坐标系中的每一条直线都可以用一个关于 x,y 的二元一次方程 $Ax+By+C=0$ 表示吗？

问题 4　每一个关于 x,y 的二元一次方程都表示一条直线吗？

任务二

小组合作,动手试一试.

在方程 $Ax+By+C=0$ 中,A,B,C 为何值时,方程表示的直线:

(1) 平行于 x 轴;

(2) 平行于 y 轴;

(3) 与 x 轴重合;

(4) 与 y 轴重合.

【典例解析】

例 1　求下列直线的方程,并化为一般式方程.

(1) 过点 $P(2,3)$,斜率为 2 的直线;

(2) 过点 $P(-2,-3)$,倾斜角为 $120°$的直线;

(3) 经过点 $m(-2,3)$,且平行于 x 轴的直线.

解　(1) 由点斜式方程,可知

$$y-3=2\times(x-2),$$

化为一般式方程为 $2x-y-1=0$.

(2) 斜率 $k=\tan 120°=-\sqrt{3}$,由点斜式方程,可知

$$y+3=-\sqrt{3}\times(x+2),$$

化为一般式方程为$\sqrt{3}x+y+2\sqrt{3}+3=0$.

(3) 因为平行于 x 轴,所以

$$y=3,$$

化为一般式方程为 $y-3=0$.

备注　先选择合适的形式将直线的方程写出来,再化为一般式.其形式一般作如下设定:x 的系数为正;系数及常数项一般不出现分数;一般按含 x 项、含 y 项、常数项的顺序排列.

例 2 (1) 已知直线 l_1：$2x+(m+1)y+4=0$ 与直线 l_2：$mx+3y-2=0$ 的斜率存在且相等，求实数 m 的值；

(2) 已知直线 l_1：$(a+2)x+(1-a)y-1=0$ 与直线 l_2：$(a-1)x+(2a+3)y+2=0$ 的斜率存在且相乘为 -1，求实数 a 的值.

解 (1) 直线 l_1 的斜率 $k_1=-\dfrac{2}{m+1}(m+1\neq0)$，直线 l_2 的斜率 $k_2=-\dfrac{m}{3}$，根据题意，得

$$-\frac{2}{m+1}=-\frac{m}{3}(m\neq-1),$$

解得 $m=-3$ 或 $m=2$.

(2) 直线 l_1 的斜率 $k_1=-\dfrac{a+2}{1-a}(1-a\neq0)$，直线 l_2 的斜率 $k_2=-\dfrac{a-1}{2a+3}(2a+3\neq0)$.

根据题意，得

$$\left(-\frac{a+2}{1-a}\right)\cdot\left(-\frac{a-1}{2a+3}\right)=-1\left(a\neq1\text{ 且 }a\neq-\frac{3}{2}\right).$$

解得 $a=\pm1$. 而 $a\neq1$，故 $a=-1$.

备注 当 $B\neq0$ 时，直线的一般式方程 $Ax+By+C=0$ 可化为 $y=-\dfrac{A}{B}x-\dfrac{C}{B}$，它表示斜率为 $-\dfrac{A}{B}$ 的直线.

【课后练习】

1. 直线 $2x-3y-6=0$ 在 y 轴上的截距为 ( )

A. 2　　B. -2　　C. 3　　D. -3

2. 过点 $(-1,3)$ 且与直线 $x-2y+3=0$ 斜率相等的直线的方程为 ( )

A. $x-2y-5=0$　　B. $x-2y+7=0$

C. $2x+y-1=0$　　D. $2x+y-5=0$

3. 已知直线 l 的方程为 $4x-3y-1=0$，则直线 l 的斜率 k 和在 y 轴上的截距 b 分别为 ( )

A. $k=\dfrac{3}{4},b=-\dfrac{1}{3}$　　B. $k=\dfrac{3}{4},b=\dfrac{1}{3}$

C. $k=-\frac{3}{4},b=-\frac{1}{3}$　　　　D. $k=-\frac{3}{4},b=\frac{1}{3}$

4. 直线 $y=kx+3k+1$ 经过的定点为____________.

5. 过点 $A(3,2)$且与直线 $4x+5y-8=0$ 斜率相等的直线的一般式方程为____________.

6. 已知直线 l 经过点 $P(2,3)$.

(1) 若点 $A(1,1)$在直线 l 上,求 l 的方程;

(2) 若直线 l 的斜率是直线 $2x-3y+1=0$ 的斜率的倒数,求 l 的方程.

7. 已知直线 l 在 y 轴上的截距为-4,其斜率与经过两点$(0,3)$和$(2,0)$的直线的斜率相等,求直线 l 的一般式方程.

8. 直线 l 过点 $P(-2,3)$,其斜率是直线 $4x-y+5=0$ 的斜率的 3 倍,求直线 l 的方程.

【信息手段】

1. 如何在几何画板中作出直线 $8x-y+19=0$ 的图象?

第一步,先将一般式方程化为斜截式方程 $y=8x+19$.

第二步,选择"绘图"→"绘制新函数"菜单命令,如图 8-19 所示.

图 8-19

第三步,输入"$8x+19$",单击"确定"按钮,如图 8-20 所示.

图 8-20

作出如图 8-21 所示的图象.

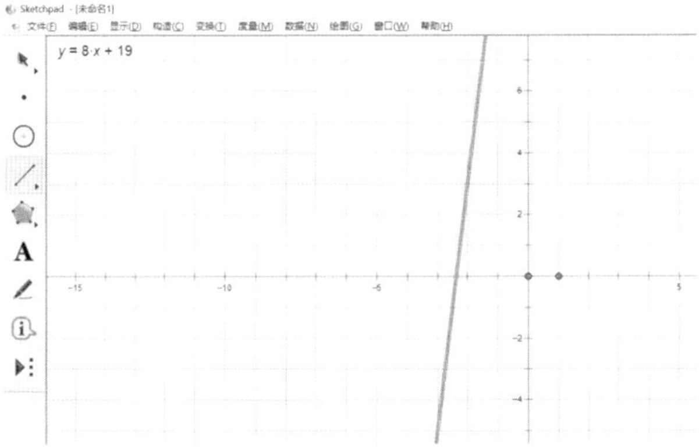

图 8-21

2. 如何在几何画板中利用两点确定一条直线并求出其方程?

第一步,选择"绘图"→"显示网格"菜单命令,如图 8-22 所示.

图 8-22

第二步，单击侧边栏“点工具”，在画布上面用鼠标单击两下，确定两个点，选择“移动箭头工具”，选择两个点并选择“构造”→“直线”菜单命令，绘制直线，如图 8-23 所示.

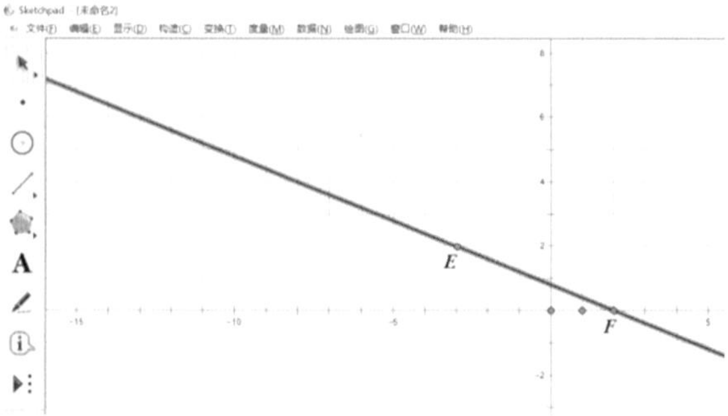

图 8-23

第三步，选择“度量”→“方程”菜单命令，在左上角得到该直线的方程，如图 8-24 所示.

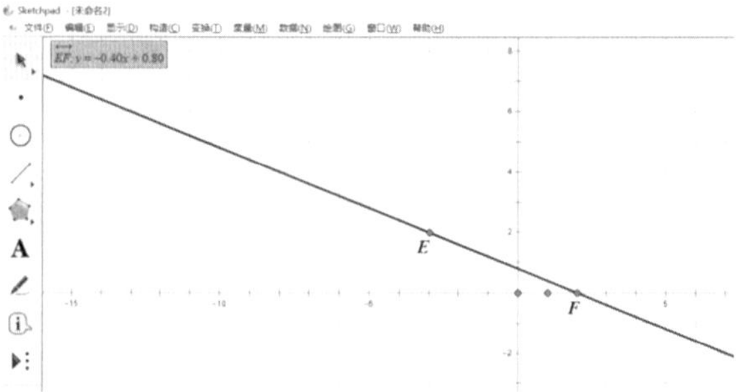

图 8-24

【数学文化】

平面直角坐标系

在 17 世纪初，法国数学家笛卡尔面对数学问题时，经常感到困惑和疑惑. 他认为，数学需要一个统一的方法，可以帮助人们更好地理解和解决各种数学问题.于是,他开始思考如何将代数和几何相结合.他想到了一种创新的方法,就是用数学符号来表示几何图形.他发现,通过把数学符号和几何图形联系起来,可以更深入、更系统地理解数学.他提出了一种新的数学工具——平面直角坐标系.

笛卡尔在创建直角坐标系的基础上,创造了用代数方法来研究几何图形的数学分支——解析几何.他的设想是:只要把几何图形看成是动点的运动轨迹,就可以把几何图形看成是由具有某种共同特性的点组成的.比如,我们可以把圆看成是一个动点对定点 O 作等距离运动的轨迹,也就可以把圆看作是由无数到定点 O 的距离相等的点组成的.我们把点看作是组成图形的基本元素,把数看成是组成方程的基本元素,只要把点和数挂上钩,就可以把几何和代数挂上钩.

把图形看成点的运动轨迹,这个想法很重要!它从指导思想上改变了传统的几何方法.笛卡尔根据自己的这个想法,在《几何学》中,最早为运动着的点建立坐标,开创了几何和代数挂钩的解析几何.在解析几何中,动点的坐标就成了变数,这是数学第一次引进变数.

恩格斯高度评价笛卡尔的工作,他说:“数学中的转折点是笛卡尔的变数.有了变数,运动进入了数学,有了变数,辩证法进入了数学.”坐标方法在日常生活中用得很多.例如,象棋、国际象棋中棋子的定位,电影院、剧院、体育馆的座位,以及高层建筑的房间编号等都用到坐标的概念.

【拓展应用】

求经过点 $A(-2,2)$ 且在第二象限与两个坐标轴围成的三角形面积最小时的直线的方程.

8.5　两条直线的交点

【学习目标】

能通过解方程组的方法求两直线的交点.

【重点难点】

重点:解方程组,求两直线的交点.

难点:解方程组,求两直线的交点.

【微课导学】

扫下面的二维码,学习微课“两条直线的交点”.

【自主学习】

1. 平面内两条直线有______、______、______三种位置关系.
2. 平面内两条直线相交有______个公共点.
3. 解二元一次方程组.

(1) $\begin{cases} 2x+3y+3=0, \\ x+y+1=0; \end{cases}$　　(2) $\begin{cases} x+2y=4, \\ 2x-y=3. \end{cases}$

【探究任务】

任务一

阅读材料,探究问题.

材料 交通标志是用文字或符号传递引导、限制、警告或指示信息的道路设施.一般以安全、醒目、清晰、明亮的交通标志实施交通管理,保证道路交通安全、顺畅.如图 8-25 所示的交通标志表示禁止车辆临时或长时停放.

图 8-25

问题 图中的两条线段有什么位置关系?

任务二

小组合作，探究两条直线相交的条件.

如图 8-26 所示，直线 l_1 与直线 l_2 相交于点 P_0. 那么 P_0 点坐标 (x_0, y_0) 与直线 l_1、l_2 的方程有什么关系？你能得出什么结论？

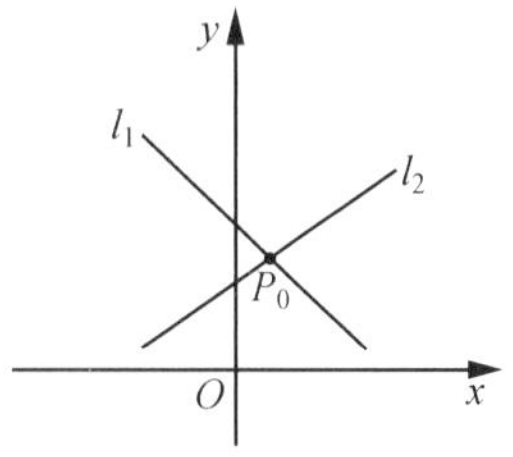

图 8-26

【典例解析】

例 1　已知直线 l 经过点 $(3,1)$，且过两直线 $l_1: x-2y+5=0$，$l_2: x+y+11=0$ 的交点，求直线 l 的方程.

解　解方程组 $\begin{cases} x-2y+5=0, \\ x+y+11=0, \end{cases}$ 得 l_1 与 l_2 的交点坐标为 $(-9,-2)$.

又因为直线 l 经过点 $(3,1)$，所以所求直线的斜率为

$$k=\frac{1-(-2)}{3-(-9)}=\frac{1}{4}.$$

所求直线的方程为

$$y-1=\frac{1}{4}(x-3),$$

即

$$x-4y+1=0.$$

备注　求两条直线的交点坐标，实际就是联立两条直线的方程，求二元一次方程组的解.

例 2 直线 $l_1: y=x+3k-2$ 与直线 $l_2: x+4y-4=0$ 的交点 P 在第一象限,求 k 的取值范围.

解 解方程组 $\begin{cases} y=x+3k-2, \\ x+4y-4=0, \end{cases}$ 得

$$\begin{cases} x=\dfrac{12-12k}{5}, \\ y=\dfrac{2+3k}{5}. \end{cases}$$

因为点 P 在第一象限,所以

$$\begin{cases} x=\dfrac{12-12k}{5}>0, \\ y=\dfrac{2+3k}{5}>0, \end{cases}$$

解得 $-\dfrac{2}{3}<k<1$. 所以当 $k\in\left(-\dfrac{2}{3},1\right)$ 时,交点 P 在第一象限.

备注 关于交点所在的象限,一定要注意点的坐标在各个象限内的符号,再来判断所求的值.

【课后练习】

1. 直线 $2x-y+2=0$ 和 $x+3y+1=0$ 的交点坐标为 ( )

A. $(0,2)$ B. $(1,4)$

C. $(-2,-2)$ D. $(-1,0)$

2. 已知直线 l_1 的方程为 $Ax+3y+C=0$,直线 l_2 的方程为 $2x-3y+4=0$,若 l_1,l_2 的交点在 y 轴上,则 C 的值为 ( )

A. 4 B. -4

C. ±4 D. 与 A 相关

3. 两直线 $2x-3y-5=0$ 与 $x+y-5=0$ 的交点坐标为________.

4. 若直线 $l: y=kx-\sqrt{3}$ 与直线 $2x+3y-6=0$ 的交点坐标位于第一象限,则直线 l 倾斜角的范围为________.

5. 直线 l 经过点 $(0,-1)$,且经过直线 $x+3y+4=0$ 和 $x-y=0$ 的交点,求直线 l 的方程.

6. 直线 $l_1:2x-my+4=0$ 与直线 $l_2:2mx+3y-6=0$ 的交点在第二象限，求 m 的取值范围.

【数学文化】

加减消元法的历史背景

二元一次方程组的解法最早记载于公元一世纪左右《九章算术》的方程章中，所用的解法是“直除法”，和我们目前的加减消元法在本质上是一样的.后来魏时的刘徽在给《九章算术》做注释时为了改进“直除法”烦琐的运算步骤，又提出了“互乘对减消元法”和“方程新术”，不过在当时并没有引起很大的重视.直到南宋时期的秦九韶在前人的基础上提出了最大公约数的概念并将之应用在“互乘对减消元法”中，这才大大缩减了运算量.

“直除法”是方程组最原始的解法，更能体现出消元思想，后面很多不同解法的出现也大多是在“直除法”的基础上改进的.

【拓展应用】

已知平行四边形 $ABCD$ 的两相邻边 AB、BC 所在直线的方程分别为 $x+y-1=0$，$3x-y+4=0$，其对角线的交点是 $O(3,3)$. 求平行四边形 $ABCD$ 的顶点 D 的坐标.

8.6　两条直线平行的条件

【学习目标】

1. 理解两条直线平行、重合的充要条件的推导过程，掌握两条直线平行、重合的充要条件.

2. 会运用两条直线平行、重合的充要条件解决简单问题，并在这个过程中培养分析问题、解决问题的能力.

【重点难点】

重点：两条直线平行、重合的充要条件.

难点：两条直线平行的充要条件.

【微课导学】

扫下面的二维码，学习微课“两条直线平行的条件”.

【自主学习】

1. 经过点 $(3,-2)$，且平行于 x 轴和 y 轴的直线的方程分别是　(　　)

A. $y=-2, x=-3$　　B. $y=-2, x=3$

C. $y=2, x=-3$　　D. $y=2, x=3$

2. 当 $A=0$ 时，直线 $Ax+By+C=0$　(　　)

A. 平行或重合于 x 轴　　B. 平行于 y 轴

C. 经过原点　　　　D. 以上都不对

3. 平行于直线 $y=2x-5$,且过点(0,1)的直线的方程是　　(　　)

A. $y=-2x+1$　　　　B. $y=-\frac{1}{2}x+1$

C. $y=2x+1$　　　　D. $y=\frac{1}{2}x+1$

4. 根据以下条件,判断直线 l_1 与 l_2 是否平行:

(1) l_1:$y=2x+3$;l_2:经过点 $A(1,2)$,$B(4,8)$.

(2) l_1:斜率为 $\frac{1}{2}$;l_2:在 x 轴和 y 轴上的截距分别是 2 和 4.

(3) l_1:$kx-2ky+k=0(k\neq 0,k\in\mathbf{R})$;$l_2$:$5x-10y+8=0$.

5. 若直线 l_1 与 l_2 的斜率都不存在,则 l_1 与 l_2 的位置关系是__________.

6. 过点 $P(0,-2)$且与直线 $x-7y-10=0$ 平行的直线的方程是________________.

7. 直线 l 过点 $(-1,2)$ 且与直线 AB 平行,A,B 的坐标分别为 $(-3,-4)$,$(2,-1)$,求直线 l 的方程.

【探究任务】

任务一

阅读材料,回答问题.

材料　2023 年 5 月 30 日 9 时 31 分,搭载神舟十六号载人飞船的长征二号 F 遥十六运载火箭在酒泉卫星发射中心点火发射,航天员乘组状态良好,发射取得圆满成功.神舟十六号航天员乘组由景海鹏、朱杨柱、桂海潮三名航天员组成.

2023 年 7 月 20 日 21 时 40 分,经过约 8 小时的出舱活动,神舟十六号航天员景海鹏、朱杨柱、桂海潮密切协同,在空间站机械臂的支持下,圆满完成出舱活动全部既定任务，出舱活动取得圆满成功.

问题　大型运载火箭发射航天器离不开助推器的推送，其外围有四个火箭助推器(图 8-27). 如果把这四个助推器看作直线，它们的位置关系如何？

图 8-27

任务二

小组交流，回答问题.

材料 1　“一桥拉动，珠三角西部棋子全盘皆活.”这个桥就是被称为“世纪工程”的港珠澳大桥(图 8-28). 从规划到竣工，足足花了 30 年. 该桥被称为“世界奇迹背后的中国智慧”.

材料 2　天安门(图 8-29)坐落在中华人民共和国首都北京市的中心、故宫的南端，与天安门广场及人民英雄纪念碑、毛主席纪念堂、人民大会堂、中国国家博物馆隔长安街相望，占地面积 4 800 m^2，以杰出的建筑艺术和特殊的政治地位为世人所瞩目.

图 8-28

图 8-29

问题 1　观察上述材料中的图形，哪些物体是平行的？怎样用数学语言表述平行的位置关系呢?

问题 2 现实生活中的许多物体具有平行的位置关系.你还能举出哪些例子?和你的同伴进行交流.

任务三

如图 8-30 所示,小组交流,探究两条直线平行的条件,并填写下表.

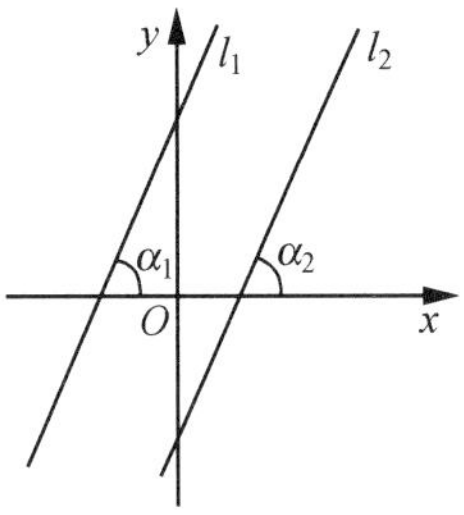

(a) 斜率存在

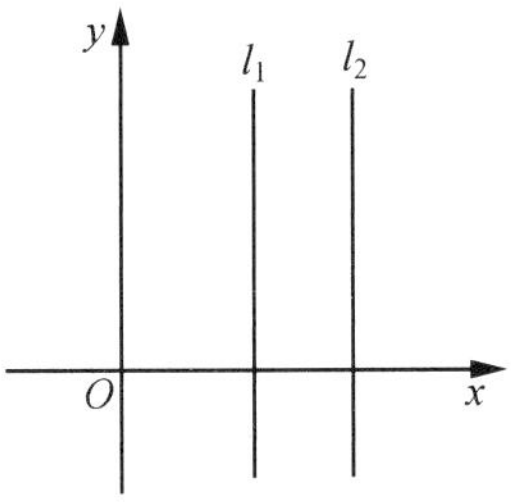

(b) 斜率不存在

图 **8-30**

方程	交点的个数	斜截式 $y=k_1x+b_1$ $y=k_2x+b_2$	一般式 $A_1x+B_1y+C_1=0(A_1^2+B_1^2\neq 0)$ $A_2x+B_2y+C_2=0(A_2^2+B_2^2\neq 0)$
相交			
平行			
重合			

【典例解析】

例 1 若直线 l_1:$ax+3y+1=0$ 与直线 l_2:$2x+(a+1)y+1=0$ 互相平行,求 a 的值.

解 因为 $l_1 /\!/ l_2$,所以$\frac{a}{2}=\frac{3}{a+1}$,解得 $a=2$ 或 $a=-3$.

当 $a=2$ 时,$\frac{a}{2}=\frac{3}{a+1}=\frac{1}{1}$,两直线重合,所以 $a=2$ 舍去.

综上，$a=-3$.

备注　先确定直线 l_1 方程的系数 A_1,B_1,C_1 和直线 l_2 方程的系数 A_2,B_2,C_2，利用平行条件 $\frac{A_1}{A_2}=\frac{B_1}{B_2}\neq\frac{C_1}{C_2}$ 列方程求参数 a. 要注意验证两条直线是否重合.

例 2　求过点 $A(1,-3)$，且与直线 $l_1: 2x+y-5=0$ 平行的直线 l 的方程.

解　将直线 l_1 化为 $y=-2x+5$，即 $k_1=-2$.

因为 $l_1 /\!/ l$，所以 $k=k_1=-2$，则有

$$y+3=-2(x-1),$$

即 $2x+y+1=0$.

备注　与已知直线 $Ax+By+C=0$ 平行的直线可设为 $Ax+By+m=0$.

【课后练习】

1. 若过两点 $P(6,m)$ 和 $Q(m,3)$ 的直线与直线 $x-2y+5=0$ 平行，则 m 的值为　(　　)

A. 5　　B. 4　　C. 9　　D. 0

2. 设 $a\in\mathbf{R}$，则“$a=1$”是“直线 $l_1: ax+2y-1=0$ 与直线 $l_2: x+(a+1)y+4=0$ 平行”的　(　　)

A. 充分不必要条件　　B. 必要不充分条件

C. 充分必要条件　　D. 既非充分也非必要条件

3. 直线 $A_1x+B_1y+C_1=0$ 与 $A_2x+B_2y+C_2=0$ 平行，则必有　(　　)

A. $A_1=A_2, B_1=B_2, C_1\neq C_2$

B. $\frac{A_1}{A_2}=\frac{B_1}{B_2}=\frac{C_1}{C_2}$

C. 两条直线的斜率相等，截距不相等

D. $A_1=mA_2, B_1=mB_2, C_1\neq mC_2(m\in\mathbf{R}, m\neq 0)$

4. 若直线 l 与直线 $x+2y+1=0$ 平行，则直线 l 的斜率为__________.

5. 已知直线 l 在 y 轴上的截距为 2，且与直线 $y=x$ 平行，则直线 l 的方程为____________.

6. 判断下列各对直线的位置关系.

(1) l_1:$2x-y=7$;l_2:$4x+2y=1$.

(2) l_1:$4x-6y+4=0$;l_2:$y=\frac{2}{3}x+\frac{2}{3}$.

(3) l_1:$(\sqrt{2}-1)x+y=3$;l_2:$x+(\sqrt{2}+1)y=2$.

7. 求过点(1,2)且平行于直线 $x=-5$ 的直线的方程.

8. 求平行于直线 $3x-8y+25=0$,且在 y 轴上截距为 -2 的直线的方程.

【数学文化】

平行线可以相交吗?

尼古拉斯·伊万诺维奇·罗巴切夫斯基(图8-31),俄罗斯数学家,非欧几何的早期发现人之一.

图 8-31

当时数学界具有权威性的几何学是欧几里得几何,数学家们都致力于证明出其中的理论,年轻的罗巴切夫斯基也不例外.

欧几里得提出的五大知名公设中的第五条明确告诉世人:两条平行的直线不会相交.这在当时的数学几何学领域是不可动摇的真理,被视为圭臬.

对于像罗巴切夫斯基这样的疯狂天才数学家来说,人类的思想可以变得具体化,他决定不再效仿前任的脚步.在他看来,几何学的世界是非常广阔的,欧几里得是伟大的,但他不能代表所有的几何学.当所有数学家都在努力证明欧几里得第五公设时,只有他在经过无数的假设检验和计算后,对第五个假设的真实性提出了质疑.

罗巴切夫斯基通过反证法进行了逻辑推导,并得到了一个新的命题:过平面直线外一点,至少可引两条直线与已知直线不相交.他假设了一个新的几何空间,是类似于一个马鞍的空间,随之形成的就是一个马鞍平面(图8-32).在这样一个空间里,欧几里得的许多理论就不再适用了.最明显的就是,在平面中从不相交的平行线将在鞍面上相交,这让他感到非常开心,因为他发现了一个新的领域:非欧几何领域.

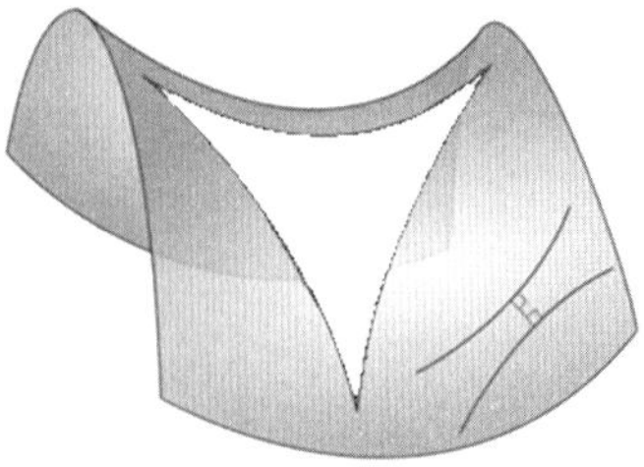

图 8-32

罗巴切夫斯基为自己的证明发表了一篇论文,并正式将此理论命名为"非欧几何",这一成果在学术界引起了轩然大波.如果一个理论已经被人研究了几个世纪,突然有人跳出来说这个理论是错误的,那么这个人无疑会成为公众批评的对象.因此,无数的矛头开始针对罗巴切夫斯基,而他的生活也从此发生了彻底的变化.在此之前,他在人们心中是一个才华横溢、雄心勃勃的有志青年,而在他提出这个理论之后,他已经成为人们眼中的“另类”.从他提出这一“荒谬”的理论之后,人们也开始怀疑他的所有学术成果.不仅如此,他也面临着事业上的挫折、家庭上的变故.郁郁不得志的罗巴切夫斯基在1856年走完了生命的最后一程,享年64岁.

那么,平行线相交的理论是否就从世界上抹去了?当然不是,否则,今天就不会有非欧几何系统了.罗巴切夫斯基去世后十二年,意大利数学家贝尔特拉米出现了.他公开认可了罗巴切夫斯基的理论并予以证实,最终证明了罗巴切夫斯基非欧几何理论的可行性:在球体上,平行线是可以相交的.而学术界也一改往日的质疑和谩骂,开始赞扬罗巴切夫斯基的才华.此后,“非欧几何”这一代名词开始正式出现.非欧几何打破了欧洲传统几何的固有模式,在数学上取得了新的突破,而其开创者罗巴切夫斯基的名字也再次被世人记起.

【拓展应用】

已知直线 l 的方程为 $8x-6y+1=0$,求与直线 l 平行并且与两条坐标轴围成的三角形的面积为 8 的直线的方程.

8.7　两条直线垂直的条件

【学习目标】

1. 掌握两条直线垂直的条件.
2. 能通过解方程组求两条直线的交点.

【重点难点】

重点:斜率存在的两条直线垂直的条件.

难点:判断两条直线是否垂直.

【微课导学】

扫下面的二维码,学习微课“两条直线垂直的条件”.

【自主学习】

1. 若直线 l_1 斜率存在,l_2 斜率不存在,则 l_1 与 l_2 的位置关系为__________.

2. 若两条直线的斜率都不存在,则两条直线的位置关系为__________.

3. 直线 $4x+y-5=0$ 和 $2x-3y+1=0$ 的交点坐标为　　(　　)

A. $(0,2)$　　B. $(1,1)$

C. $(-2,-2)$　　D. $(-1,0)$

4. 直线 l 经过原点,且经过另两条直线 $2x+3y+6=0$ 和 $x-y-2=0$ 的交点,则直线 l 的方程为________________.

5. 根据下列直线的方程,判断直线 l_1 与 l_2 的位置关系:

(1) $l_1:x-2y-1=0$;$l_2:2x+y-40=0$.

(2) $l_1:x-2y-12=0$;$l_2:2x-y=0$.

6. 求过点 $A(0,1)$,且与直线 $2x-y-1=0$ 垂直的直线的方程.

【探究任务】

任务一

阅读材料,回答问题.

材料 算盘是一种手动操作计算辅助工具,它是中国古代一项重要的发明(图 8-33).算盘的新形状为长方形,周为木框,内贯直柱,俗称“档”.一般从九档至十五档,档中横以梁,梁上两珠,每珠作数五,梁下五珠,每珠作数一,运算时定位后拨珠计算,可以做加、减、乘、除运算.

图 8-33

问题 1　算盘中“档”和“梁”看作直线，那它们是什么位置关系？

问题 2　生活中还有很多两条直线垂直的例子，请你试着列举出来.

任务二

小组合作，探究两条直线垂直的条件.

如图 8-34 所示，平面内两条直线 l_1 与 l_2 垂直，它们的斜率分别为 k_1 和 k_2，倾斜角分别为 α 和 $90°+\alpha$.

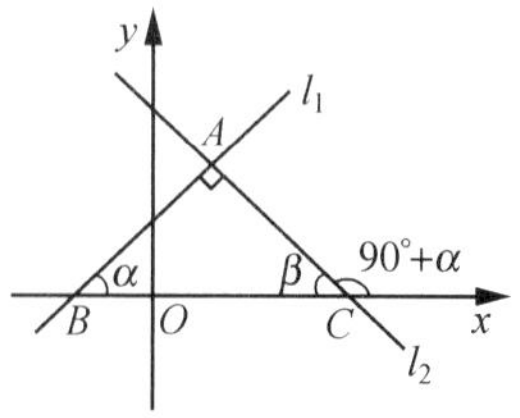

图 8-34

问题 1　在直角△ABC 中，根据锐角三角函数，用边 AB，AC，BC 表示 $\tan\alpha$ 和 $\tan\beta$，则

$$\tan\alpha=\underline{\qquad\qquad\qquad},$$

$$\tan\beta=\underline{\qquad\qquad\qquad},$$

故

$$\tan\alpha\cdot\tan\beta=\underline{\qquad\qquad\qquad}.$$

问题 2　根据斜率公式填空.

l_1 的斜率 $k_1=\underline{\qquad\qquad\qquad}$，

l_2 的斜率 $k_2=\tan(90°+\alpha)=\tan(180°-\underline{\qquad\quad})=\underline{\qquad\quad}\tan\beta$，

故

$$k_1\cdot k_2=\underline{\qquad\qquad\qquad}=\underline{\qquad\quad}.$$

问题 3　尝试总结两条直线垂直的条件.

【典例解析】

例 1 求过点 $M(1,-2)$,且与直线 $l_1:2x-y-5=0$ 垂直的直线 l 的方程.

解 由直线 l_1 的方程 $2x-y-5=0$,得

$$y=2x-5,$$

即直线 l_1 的斜率为 $k_1=2$.

因为直线 l 过点 $M(1,-2)$,可设直线 l 的方程为 $y+2=k(x-1)$.

又直线 l 与直线 l_1 垂直,得到 $k\cdot k_1=-1$,解得

$$k=-\frac{1}{2}.$$

代入直线的点斜式方程,得

$$y+2=-\frac{1}{2}(x-1),$$

即

$$x+2y+3=0.$$

备注 熟练运用两条直线垂直的条件:$l_1\perp l_2\Leftrightarrow k_1\cdot k_2=-1$($k_1,k_2$ 均存在).

例 2 设$\triangle ABC$的三个顶点分别为 $A(6,7)$,$B(0,3)$,$C(4,0)$,求$\triangle ABC$中 AB 边上的高 CD 所在的直线的方程.

解 直线 AB 的斜率为 $k_{AB}=\dfrac{3-7}{0-6}=\dfrac{2}{3}$.

因为 $CD\perp AB$,$k_{AB}\cdot k_{CD}=-1$,所以 $k_{CD}=-\dfrac{3}{2}$.

由点斜式方程,得 $y-0=-\dfrac{3}{2}(x-4)$,

因此所求直线的方程为 $3x+2y-12=0$.

备注 灵活运用知识点:两条直线垂直的条件和直线的点斜式方程.

【课后练习】

1. 垂直于直线 $y=2x-5$，且过点(0,1)的直线的方程为 ( )

A. $y=-2x+1$ B. $y=-\frac{1}{2}x+1$

C. $y=2x+1$ D. $y=\frac{1}{2}x+1$

2. 若直线 $ax+2y-1=0$ 与 $x+3y+1=0$ 垂直，则 $a=$ ( )

A. -6 B. -1 C. 1 D. 6

3. 过点 $P(0,-2)$ 且与直线 $x-7y-10=0$ 垂直的直线的方程为____________________.

4. 直线 l 经过点(0,−1)，且经过直线 $x+3y+4=0$ 与 $x-y=0$ 的交点，求直线 l 的方程.

5. 求过点 $A(1,-1)$，且垂直于直线 $2x+y-12=0$ 的直线的方程.

6. 已知直线 l_1 的斜率为 $\frac{1}{2}$，直线 l_2 经过点 $M(3a,-4)$，$N(0,2a)$，且 $l_1 \perp l_2$，求 a 的值.

7. 已知四点 $A(3,-1)$，$B(-1,1)$，$C(3,5)$，$D(5,9)$，判断直线 AB 与 CD 的位置关系.

【数学文化】

平行与垂直符号的由来

两条直线相互平行或垂直，在几何中经常出现.

大约公元 50 年，生于埃及的古希腊数学家海伦，最早使用“$\underline{\underline{OV}}$”或“$\underline{\underline{P}}$”作为表示两条直线平行的记号.

活跃在公元 300—350 年的古希腊数学家帕普斯看到他的祖先海伦创用的平行符号以后，不太中意，干脆将“$\underline{\underline{OV}}$”或“$\underline{\underline{P}}$”中的字母去掉，改革为“＝”，有时又用“$OL$”表示. 显然，平行符号“＝”是仿照两条直线平行的形象创造的.

时间在人们忙忙碌碌的生活中飞快地流逝，古希腊人没有创造出大伙认可的平行符号. 1634 年，法国数学家厄里岗在其著作中，仍用“＝”表示平行线，但这时等号“＝”早已捷足先登，成为欧洲数学王国里的永久居民了，假设再用它表示平行线，会使数学符号混乱，“＝”表示平行线的做法注定行不通了.

1657 年，英国数学家奥特雷德在《三角形》一书中，将横躺着的“＝”直立起来，用“//”作为表示两直线平行的记号，英国人卡斯韦尔和英国人琼斯分别在 1685 年和 1706 年的著作中使用了“//”，并一直沿用至今.

垂直符号“⊥”最早是在 1634 年厄里岗的著作中出现的，100 多年后的 1763 年，英国数学家爱默生在《几何入门》一书中，大量采纳记号“⊥”作为垂直符号，从此被广泛采纳，但在 17—18 世纪，还有人创用“”“”“”等作为垂直符号，但因为不简洁而不再使用了.

【拓展应用】

已知光线通过点(2,3),经过直线 $x+y+1=0$ 反射,其反射光线通过点(1,1),求入射光线和反射光线所在直线的方程.

8.8　点到直线的距离公式

【学习目标】

1. 掌握点到直线的距离公式、两平行线间的距离公式.

2. 会用公式解决一般问题,提高数学思维及分析问题和解决问题的能力.

【重点难点】

重点:点到直线的距离公式及其应用.

难点:点到直线的距离公式的推导方法.

【微课导学】

扫下面的二维码,学习微课“点到直线的距离公式”.

【自主学习】

1. 如图 8-35 所示,点 P 到直线 l 的距离为　　(　　)

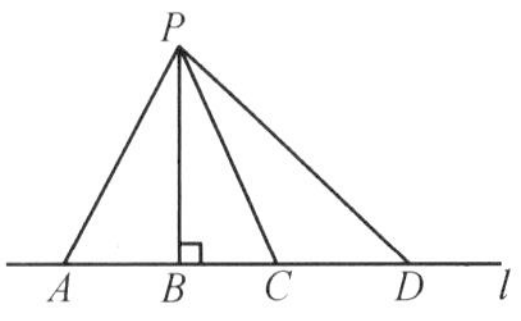

图 8-35

A. 线段 PA 的长度

B. 线段 PB 的长度

C. 线段 PC 的长度

D. 线段 PD 的长度

2. 点(2,5)到直线 $2x-y=0$ 的距离为 (　　)

A. $\frac{\sqrt{5}}{5}$　　B. $\frac{2\sqrt{5}}{5}$　　C. $\frac{3\sqrt{5}}{5}$　　D. $\sqrt{5}$

3. 两点间的距离公式为________________,直线的一般式方程为________________.

4. 点 $P(x_0,y_0)$到直线 $l:Ax+By+C=0(A,B$ 不全为 0)的距离为________________.

5. 已知 $A(a,-5)$与 $B(0,10)$两点间的距离为 17,则 a 的值为________.

6. 求原点到下列直线的距离:

(1) $2x-y+1=0$;　　(2) $3x+4y+8=0$;

(3) $2x-1=0$.

【探究任务】

任务一

阅读材料,探究问题.

材料　2023 年 8 月初,受台风"杜苏芮"影响,华北、黄淮等地出现极端强降雨过程,引发洪涝和地质灾害.面对这场百年不遇的特大洪灾,全国人民众志成城、同舟共济,一如既往地发扬了"伟大的抗洪精神",最大限度地减少了灾害所造成的损失,切实保障了人民群众生命财产的安全.不难看出,中国在洪涝灾害的预防、抗击和救助方面取得了长足进步,在自然灾害防治体系和防治能力的现代化道路上已经迈上了新高度,也彰显应急管理中的中国式现代化.

某地在铁路附近有一大型存放抗洪救灾物资的仓库,现要修建一条公路与之连接起来,以便快速把救灾物资运往灾区.

问题 1　在理论上，怎样建可以使这条公路最短？

问题 2　将实际问题简化并建立模型，如图 8-36 所示，如何计算仓库到铁路的最短距离呢？

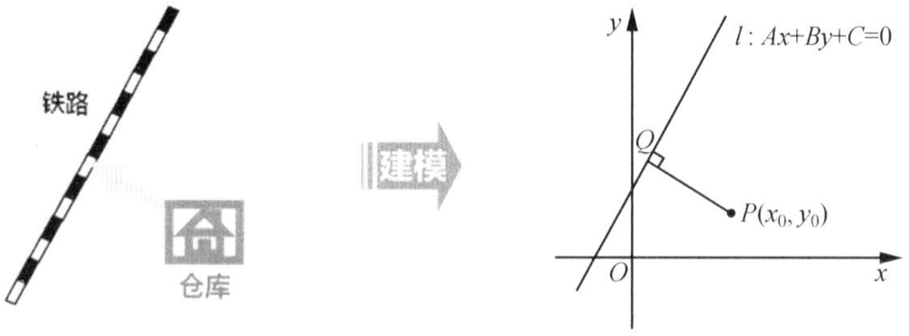

图 8-36

任务二

小组合作，探究两条平行直线间距离的求法.

问题 1　如何求两条平行直线 $2x-7y+8=0$ 与 $2x-7y-6=0$ 之间的距离？

问题 2　已知两条直线平行，如何求这两条直线间的距离？

【典例解析】

例 1　求点 $P(-1,2)$ 到下列直线的距离：

(1) $x-y+2=0$；　　(2) $y=-2$.

解　(1) 将点 $P(-1,2)$ 代入公式：

$$d=\frac{|-1-2+2|}{\sqrt{1^2+(-1)^2}}=\frac{\sqrt{2}}{2}.$$

(2) 先将方程化为一般式 $y+2=0$，再将点 $P(-1,2)$ 代入公式，有

$$d=\frac{|2+2|}{\sqrt{0^2+1^2}}=4.$$

备注 熟练运用点到直线的距离公式是关键，并且在运用公式之前，需将直线化为一般式方程.

例 2 求过点 $P(-1,2)$，且原点到直线的距离等于 $\frac{\sqrt{2}}{2}$ 的直线的方程.

解 (1) 当斜率 k 不存在时，直线 $x=-1$. 不合题意，舍掉.

(2) 当斜率 k 存在时，设直线的方程为

$$y-2=k(x+1),$$

即

$$kx-y+k+2=0.$$

由题意，知

$$\frac{|k+2|}{\sqrt{k^2+1}}=\frac{\sqrt{2}}{2},$$

解得

$$k=-1 \text{ 或 } k=-7.$$

故所求直线的方程为 $x+y-1=0$ 或 $7x+y+5=0$.

备注 求直线时要考虑直线的斜率是否存在.

例 3 求两条平行直线 $3x-7y+9=0$ 与 $3x-7y-5=0$ 间的距离.

解 在直线 $3x-7y+9=0$ 上取点 $P(-3,0)$，那么点 $P(-3,0)$ 到直线 $3x-7y-5=0$ 的距离 d 就是这两条平行直线间的距离.

因此，这两条平行直线间的距离为

$$d=\frac{|3\times(-3)-7\times0-5|}{\sqrt{3^2+(-7^2)}}=\frac{14}{\sqrt{58}}=\frac{14\sqrt{58}}{58}.$$

备注 两条平行直线间距离的求法：在其中一条直线上任取一点，求该点到另一条直线的距离，即为平行直线间的距离.

【课后练习】

1. 点 $A(0,-1)$ 到直线 $3x-4y+6=0$ 的距离为 ( )

A. $\frac{2}{5}$　　B. $\frac{3}{5}$　　C. $\frac{9}{5}$　　D. 2

2. 平行直线 $4x-3y-7=0$ 与 $4x-3y+c=0$ 之间的距离为 1,则 c 的值为　　(　　)

A. 2　　B. 12　　C. -2 或 12　　D. -2 或 -12

3. 已知两点 $A(3,2)$ 和 $B(-1,4)$ 到直线 $mx+y+3=0$ 的距离相等,则 m 为　　(　　)

A. 0 或 $-\frac{1}{2}$　　B. $\frac{1}{2}$或 -6　　C. $-\frac{1}{2}$　　D. -6

4. 原点到直线 $3x+4y-2=0$ 的距离为__________.

5. 直线 l 到两条平行线 $2x-3y+2=0$ 和 $2x-3y+4=0$ 的距离相等,则直线 l 的方程为__________.

6. 直线 l 经过点 $P(0,3)$,若 $A(1,0)$,$B(2,1)$ 到直线 l 的距离相等,求直线 l 的方程.

7. 若直线 l 平行于直线 $4x-3y+6=0$,点 $P(2,-3)$ 到直线 l 的距离为 4,求直线 l 的方程.

8. 动点 P 在直线 $2x+y-3=0$ 上,O 为原点,求 $|OP|$ 的最小值.

【信息手段】

在 MathTool 中利用点到直线距离计算器计算点 $P(2,3)$ 到直线 $3x+4y-2=0$ 的距离.

第一步,进入网站 www. imathtool. com.

第二步,单击"计算工具"→解析几何中的"点到直线距离计算器".

第三步,输入点的坐标和直线方程中的系数,单击"计算"按钮,即可得到结果,如图 8-37 所示.

图 8-37

【拓展应用】

利用点到直线的距离公式,求出平面直角坐标系中 $A(1,3)$,$B(3,1)$,$C(-1,0)$ 三个点所构成的三角形的面积.

8.9　圆的方程

【学习目标】

1. 了解圆的定义,掌握圆的标准方程和一般方程.

2. 运用圆的标准方程和一般方程解决实际问题,培养解决问题的能力和运算能力.

【重点难点】

重点:圆的标准方程和一般方程.

难点:运用圆的标准方程和一般方程解决实际问题.

【微课导学】

扫下面的二维码,学习微课“圆的标准方程”“圆的一般方程”.

【自主学习】

1. 圆的标准方程.

(1) 圆的标准方程为________________,其圆心坐标为____________,半径为____________.

(2) 点与圆的位置关系.

① 点到圆心的距离____________半径,点在圆内;

② 点到圆心的距离____________半径,点在圆上,点的坐标满足圆的方程;

③ 点到圆心的距离__________半径，点在圆外.

2. 圆的一般方程.

圆的一般方程为____________________________，圆心为__________，半径为__________.

(1) x^2和y^2的系数相等，且都不为0(通常都化为1)；

(2) 没有xy这样的二次项；

(3) 表示圆的前提条件为_______________；

(4) 表示点的前提条件为_______________.

3. 以点(−3,5)为圆心，7为半径的圆的方程为_________________.

4. 圆$(x-4)^2+(y+5)^2=9$的圆心为_________，半径为_________.

5. 已知圆的一条直径两端点是(2,0)，(2,−2)，则此圆的方程为_________________.

6. 圆$x^2+y^2-2x+4y+2=0$的圆心坐标为_________，半径为_________.

7. 已知圆的方程$(x-5)^2+(y-6)^2=10$，

(1) 求圆心坐标和半径；

(2) 判断点$P(4,9)$是否在圆上.

【探究任务】

任务一

阅读材料，回答问题.

材料 圆是中华民族传统文化的形态象征，象征着“圆满”和“饱满”，是自古以和为贵的中国人所崇尚的图腾. 满和圆合称构成汉字圆满，浸透着中华民族先民最朴素的哲学，圆则满，满则圆. 圆很早就被运用于中国传统建筑的设计中，比如说：客家土楼就是典型的圆形建筑[图 8-38(a)]，还有中式苏州园林中的“洞门”[图 8-38(b)].

(a) 客家土楼

(b) 苏州园林

图 8-38

问题　如何用方程的形式来表示圆呢？

任务二

小组交流，动手做一做.

我们知道，圆是平面内动点到定点的距离为定长的动点的轨迹，定点称为圆心，定长称为半径.

在平面直角坐标系中，已知圆 C 的圆心为点 $C(a,b)$，半径为 r，如图 8-39 所示. 设圆上任意一点 $P(x,y)$，则有 $|PC|=r$.

试根据两点间距离公式，推导出圆的标准方程.

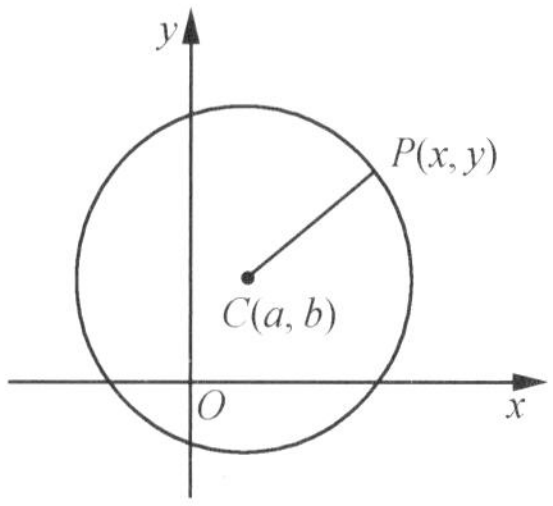

图 8-39

任务三

小组合作,探究圆的一般方程.

将圆的标准方程$(x-a)^2+(y-b)^2=r^2$展开并整理,得

$$x^2+y^2-2ax-2by+a^2+b^2-r^2=0.$$

令 $D=-2a$,$E=-2b$,$F=a^2+b^2-r^2$,将圆的标准方程化为一个二元二次方程:

$$x^2+y^2+Dx+Ey+F=0.$$

反之,一个二元二次方程 $x^2+y^2+Dx+Ey+F=0$ 是否表示一个圆呢?

【典例解析】

例 1 (1) 求以点 $A(1,2)$为圆心,并且和 x 轴相切的圆的方程;

(2) 已知两点 $P(4,9)$,$Q(6,3)$,求以线段 PQ 为直径的圆的方程.

解 (1)因为圆与 x 轴相切,所以该圆的半径为圆心 $A(1,2)$到 x 轴的距离 2,即 $r=2$.所以圆的标准方程为

$$(x-1)^2+(y-2)^2=4.$$

(2) 因为 PQ 为直径,所以 PQ 的中点 M 为该圆的圆心,即 $M(5,6)$,则有

$$r=\frac{|PQ|}{2}=\frac{1}{2}\sqrt{(6-4)^2+(3-9)^2}=\sqrt{10}.$$

所以圆的标准方程为$(x-5)^2+(y-6)^2=10$.

备注 本题的解题关键在于由已知条件求出相应的圆心与半径.

例 2 已知方程 $x^2+y^2-2kx+4y+3k+8=0$ 表示一个圆,求 k 的取值范围.

解　对方程配方，得

$$(x-k)^2+(y+2)^2=k^2-3k-4.$$

所以 $k^2-3k-4>0$，解得 $k<-1$ 或 $k>4$.

故 k 的取值范围为 $(-\infty,-1)\cup(4,+\infty)$.

备注　对于圆的一般方程，要能熟练地用配方法将其化为圆的标准方程.

【课后练习】

1. 若方程 $x^2+y^2+ax+2ay+2a^2+a-1=0$ 表示圆，则 a 的取值范围为　　（　　）

A. $a<-2$ 或 $a>\frac{2}{3}$　　B. $-\frac{2}{3}<a<0$

C. $-2<a<0$　　D. $-2<a<\frac{2}{3}$

2. 圆 $x^2+y^2-2x+4y+2=0$ 的圆心坐标和半径分别为　　（　　）

A. $(1,-2)$，$r=3$　　B. $(1,2)$，$r=\sqrt{3}$

C. $(1,-2)$，$r=\sqrt{3}$　　D. $(-1,2)$，$r=3$

3. 已知方程 $x^2+y^2-x+y+R=0$ 表示一个圆的方程，则 R 的取值范围为　　（　　）

A. $(-\infty,2]$　　B. $(-\infty,2)$　　C. $\left(-\infty,\frac{1}{2}\right)$　　D. $\left(-\infty,\frac{1}{2}\right]$

4. 已知圆 $x^2+y^2+ax+2ay+\frac{a}{2}=0$ 的圆心在直线 $3x+y-5=0$ 上，则该圆的半径等于________.

5. 圆 $x^2+y^2-x+2y=0$ 关于直线 $x-y+1=0$ 对称的圆的方程为____________.

6. 已知点 $A(-2,4)$，$B(2,-2)$，求：

(1) 线段 AB 的中点坐标；

(2) 以线段 AB 为直径的圆的方程.

7. 求经过点(1,0),并且和 y 轴相切于点(0,3)的圆的方程.

8. 已知方程 $x^2+y^2+(a-1)x+2ay+a=0$ 表示一个圆,求实数 a 的取值范围.

【数学文化】

图 8-40

勒内·笛卡尔(图 8-40),法国哲学家、数学家、物理学家,他对现代数学的发展做出了重要的贡献,因将几何坐标体系公式化而被认为是"解析几何之父".

在解析几何学尚未诞生的 2 000 多年里,数学史上关于立方倍积、三等分角、化圆为方这三个几何问题一直困扰着世世代代的数学家,不少人为此呕心沥血,穷毕生精力也找不到答案.笛卡尔在认真总结了前人的大量经验教训后，认为这三大几何难题无论用尺还是用规，都不是好的解决办法，必须从根本入手，另找一条道路. 偶然的一个机会，笛卡尔从蜘蛛织网纵横交错的直线和四周的圆线交叉中找到了灵感，想到了“形”和“数”的问题. 可以把蜘蛛看做一个点，它在屋子里可以上、下、左、右运动，把蜘蛛的每个位置用一组数确定下来. 他又想，屋子里相邻的两面墙与地面交出了三条线，如果把地面上的墙角作为起点，把交出来的三条线作为三根数轴，那么空间中任意一点的位置就可以在这三根数轴上找到有顺序的三个数. 反过来，任意给一组三个有顺序的数，也可以在空间中找出一点与之对应. 同理，用一组数(x,y)可以表示平面上的一个点，平面上的一个点也可以用一组有顺序的数来表示，这就是坐标系的雏形.

简单地说，这个发现建立了平面上的一点坐标与数(x,y)之间的一一对应关系，构成了平面上的点与曲线之间的一一对应关系，从而把数学的两大形态，即“形”与“数”结合了起来. 不仅如此，笛卡尔还用代数方程描述几何图形，用几何图形表示代数方程的计算结果. 于是，数学史上从此诞生了用代数方法解决几何问题的一门崭新学科——解析几何. 此后，笛卡尔出版了专门论述解析几何原理的数学论著——《几何学》，书中将逻辑、几何、代数方法结合起来，通过讨论作图问题，勾勒出解析几何的新方法，从此，数和形就走到了一起，数轴是数和形的第一次接触. 并向世人证明，几何问题可以归结成代数问题，也可以通过代数转换来发现、证明几何性质. 笛卡尔引入了坐标系及线段的运算概念. 他创新地将几何图形“转译”为代数方程式，从而将几何问题以代数方法求解，这就是今日的“解析几何”(或称“坐标几何”).

17 世纪是资本主义迅速发展的时期，当时的天文和航海等科学技术对数学都提出了新的要求. 例如，要确定船只在海上的方位，就要确定经纬度；要改善枪炮的性能，就要精确地掌握抛射体的运动规律. 这些问题涉及的已不是常量，而是变数，解析几何则解决了这些难题. 当然，笛卡尔的贡献远远不止于此.

【拓展应用】

中国天眼是口径 500 m 的球面射电望远镜(图 8-41),是世界上已经建造完成的口径最大、最灵敏的单天线射电望远镜.如果把它的横截面看成圆形,选取适当的平面直角坐标系,可以用圆的标准方程表示为

$$x^2+y^2=250^2.$$

图 8-41

圆是生产和生活中常见的图形,试找出生产和生活中更多的例子,并尝试建立平面直角坐标系,写出圆的方程.

8.10　直线与圆的位置关系

【学习目标】

1. 理解并能判断直线与圆的位置关系.
2. 学会解决直线与圆相切、相交时有关切线方程、弦长的问题.
3. 培养数学思维及分析问题、解决问题的能力.

【重点难点】

重点:直线与圆的位置关系的判定.

难点:直线与圆的位置关系的应用.

【微课导学】

扫下面的二维码,学习微课“直线与圆的位置关系”.

【自主学习】

1. 直线与圆的位置关系有__________、__________、__________,交点个数分别为__________、__________、__________.

2. 直线 $2x-y-5=0$ 与圆 $x^2+y^2-4x+2y+2=0$ 的位置关系为(　　)

A. 相离　　　　　　　　B. 相交但不过圆心

C. 相切　　　　　　　　D. 相交且过圆心

3. 直线 $x-y=0$ 与圆 $x^2+y^2-8y=0$ 的交点坐标为____________.

4. 直线 $x+y-1=0$ 与圆 $x^2+y^2=4$ 的位置关系为____________.

5. 已知直线 $x+y-b=0$ 与圆 $x^2+y^2=9$ 相切,则 $b=$__________.

6. 已知圆 $C:(x-a)^2+y^2=8$ 与直线 $l:x-y-1=0$ 相切,求圆的方程.

【探究任务】

任务一

阅读材料,回答问题.

材料 天涯海角(图 8-42)是中国海南建省 20 周年第一亮丽品牌,位于海南省三亚市区西南 23 km 处,总体陆地面积 10.4 km,海域面积 6 km,是国家 4A 级景区.在天涯海角看日出和日落是一场视觉盛宴.

图 8-42

问题 日出过程中,把海平面看作一条直线,太阳看作圆,观察太阳升起的过程,你能找到直线与圆有哪些位置关系?

任务二

小组合作,探究直线与圆的位置关系,并填写下表.

设直线 $l:Ax+By+C=0$,圆 $C:x^2+y^2+Dx+Ey+F=0$,d 表示圆心到直线的距离,r 表示圆的半径.

直线与圆的位置			
图示	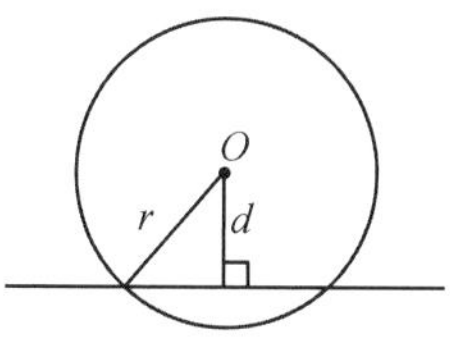	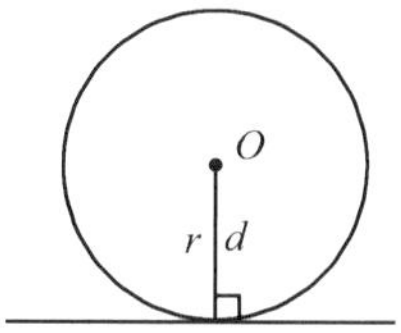	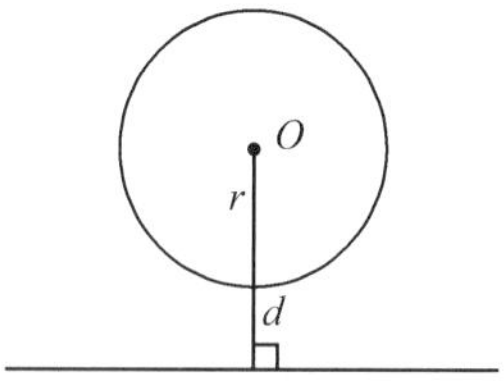
d 与 r 的关系			
直线与圆的公共点个数			
方程组解的情况			

【典例解析】

例 1　已知直线 l:$kx-y+6=0$ 与圆 $x^2+y^2=25$ 相交,求 k 的取值范围.

解　(1) 几何法.

由题意,知 $r=5$,圆心 $(0,0)$ 到直线 l 的距离为

$$d=\frac{|0-0+6|}{\sqrt{k^2+1}}<5.$$

解得

$$k<-\frac{\sqrt{11}}{5} \text{ 或 } k>\frac{\sqrt{11}}{5}.$$

故 k 的取值范围为

$$\left(-\infty,-\frac{\sqrt{11}}{5}\right)\cup\left(\frac{\sqrt{11}}{5},+\infty\right).$$

(2) 代数法.

解方程组 $\begin{cases}kx-y+6=0,\\x^2+y^2=25,\end{cases}$ 得

$$(k^2+1)x^2+12k+11=0.$$

由直线 l 与圆相交,得

$$\Delta=(12k)^2-4(k^2+1)\times 11>0,$$

解得

$$k<-\frac{\sqrt{11}}{5} \text{ 或 } k>\frac{\sqrt{11}}{5}.$$

故 k 的取值范围为

$$\left(-\infty,-\frac{\sqrt{11}}{5}\right)\cup\left(\frac{\sqrt{11}}{5},+\infty\right).$$

备注 判断直线与圆的位置关系,用几何法时要结合圆心到直线的距离与半径之间的大小关系,用代数法时则要和方程组解的情况联系起来.

例2 过点 $A(-1,4)$ 作圆 $(x-2)^2+(y-3)^2=1$ 的切线,求切线 l 的方程.

解 由题意知,点 $A(-1,4)$ 在圆外.

(1) 当斜率 k 不存在时,直线 $l:x=-1$ 与圆相离,不合题意,舍去.

(2) 当斜率 k 存在时,设直线 l 的方程为

$$y-4=k(x+1),$$

即

$$kx-y+k+4=0.$$

由直线 l 与圆相切,可得

$$\frac{|2k-3+k+4|}{\sqrt{k^2+1}}=1.$$

解得直线 l 的方程为 $y=4$ 或 $3x+4y-13=0$.

备注 圆外一点到圆的切线有两条,若解出来只有一条,不能漏掉 k 不存在的情况.

【课后练习】

1. 直线 $x-y+1=0$ 上的点到圆 $x^2+y^2-2x=0$ 的最小距离为 ( )

A. $\sqrt{2}-1$　　B. 1　　C. $\sqrt{2}$　　D. $\sqrt{2}+1$

2. 若直线 $2x+y-m=0$ 与圆 $x^2+y^2=4$ 相切,则 $m=$ ( )

A. $2\sqrt{5}$　　B. $-2\sqrt{5}$　　C. $\pm2\sqrt{5}$　　D. 0

3. 若过点 $P(-2,1)$ 作圆 $(x-3)^2+(y+1)^2=r^2$ 的切线有且仅有一条,则圆的半径为________.

4. 直线 $x+2y=0$ 被圆 $x^2+y^2-6x-2y-15=0$ 所截,求截得的弦长.

5. 已知直线 $l: kx-y+6=0$ 被 $x^2+y^2=25$ 所截的弦长为 8，求 k 的值.

6. 已知直线 $l: x+2y-3=0$ 和圆 $C:(x-2)^2+(y+1)^2=9$. 求：

(1) 直线 l 被圆 C 截得的弦 AB 的弦心距 d；

(2) 弦长 $|AB|$.

7. 已知圆 $C:(x-a)^2+(y-2)^2=4(a>0)$ 及直线 $l: x-y+3=0$，且直线 l 被圆所截的弦长为 $2\sqrt{3}$，求 a 的值.

【数学文化】

圆和切线

切线是微积分诞生的基础之一,欧几里得最早在《几何原本》中,把切线定义为和圆相交,但恰好只有一个交点的直线.类似地,古希腊数学家阿波罗尼奥斯在研究圆锥曲线时,把切线定义为和圆锥曲线只有一个交点的直线,且直线全在圆锥曲线同一侧.不过此后1 800百年的时间,人们对于切线的认识都局限在古希腊时代的基础上.直到17世纪,法国数学家费马和笛卡尔各自给出了求切线的方法.随后,英国数学家巴罗(牛顿的老师)从微分三角形出发,把切线看作割线的极限.

1684年,莱布尼茨在第一篇微积分论文中,将切线定义为,连接曲线上无限接近两点的直线.法国数学家洛必达在《无穷小分析》中沿用了莱布尼茨的做法.

【拓展应用】

在直角坐标系中,设计一个由线段和圆组成的简笔画,标出有关点的坐标,求圆与线段所在直线的方程.

8.11　直线与圆的方程的应用

【学习目标】

1. 能够解决简单的圆与直线的实际问题,能根据半圆的方程画出图形.

2. 学会借助平面直角坐标系建立数学模型,将实际问题抽象成数学问题,培养主动运用数学知识解决实际问题的能力.

【重点难点】

重点:直线与圆的方程的实际应用.

难点:直线与圆的方程的实际应用.

【微课导学】

扫下面的二维码,学习微课“直线与圆的方程的应用”.

【自主学习】

1. 直线的方程有____________、____________、____________三种形式,分别为____________、____________、____________.

2. 圆的方程有________________、________________两种形式,分别为________________、________________.

3. 如何判断直线与圆的位置关系?

4. 求圆$(x-2)^2+(y+3)^2=4$上的点到直线$x-y+2=0$的最远距离和最近距离.

【探究任务】

任务一

阅读材料,回答问题.

材料 中国是桥的故乡,自古就有"桥的国度"之称(图8-43). 桥发展于隋,兴盛于宋,遍布在神州大地的桥编织成四通八达的交通网络,连接着祖国的四面八方. 中国古代桥梁的建筑艺术,有不少是世界桥梁史上的创举,充分显示了中国古代劳动人民的非凡智慧.

北京的卢沟桥　石家庄的赵州桥　泉州的洛阳桥　潮州的广济桥

图 8-43

如图8-44所示是某圆拱桥的一圆拱的示意图,该圆拱跨度$AB=10$ m,拱高$OP=2$ m,在建造时,每隔2 m需用一个支柱支撑,通过回答下列问题,探究支柱A_2P_2的长度.(精确到0.01 m)

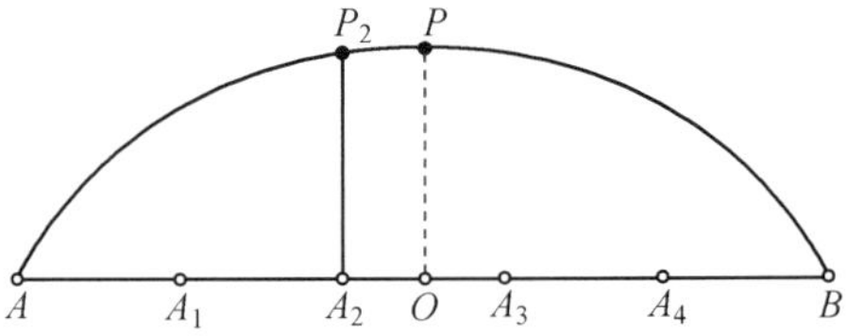

图 8-44

问题 1　圆心和半径能直接求出吗？

问题 2　如何构建直角坐标系？并求出圆的方程.

问题 3　如何求出支柱 A_2P_2 的长度？

任务二

小组合作，动手画一画.

画出方程 $x-3=\sqrt{4-y^2}$ 表示的曲线.

任务三

通过解决任务一、任务二，尝试概括解决直线与圆的方程的应用问题的步骤.

【典例解析】

例 1 一艘轮船在沿直线返回港口的途中,接到气象台的台风预报,台风中心位于轮船正西 240 km 处,受影响的范围是半径为 90 km 的圆形区域.港口位于台风中心正北 120 km 处,如果这艘轮船仍沿原航线航行,是否会受到台风的影响?

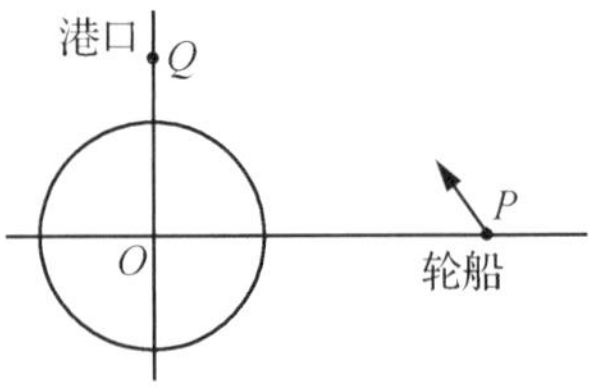

图 8-45

解 建立直角坐标系,以台风中心为原点,轮船和台风中心对应位置的连线为 x 轴,以 10 km 为单位长度.

设台风中心、轮船、港口对应位置分别为点 O、P、Q,则它们的坐标分别为 $O(0,0)$、$P(24,0)$、$Q(0,12)$.设轮船航线所在直线 PQ 的斜率为 k,则

$$k=\frac{12-0}{0-24}=-\frac{1}{2},$$

由直线的斜截式方程,得 $y=-\frac{1}{2}x+12$,即 $x+2y-24=0$.

台风影响的区域是以 $O(0,0)$ 为圆心,$r=9$ 为半径的圆形区域.因为圆心 $O(0,0)$ 到直线 PQ 的距离为

$$d=\frac{|1\times0+2\times0-24|}{\sqrt{1^2+2^2}}=\frac{24}{\sqrt{5}}>9,$$

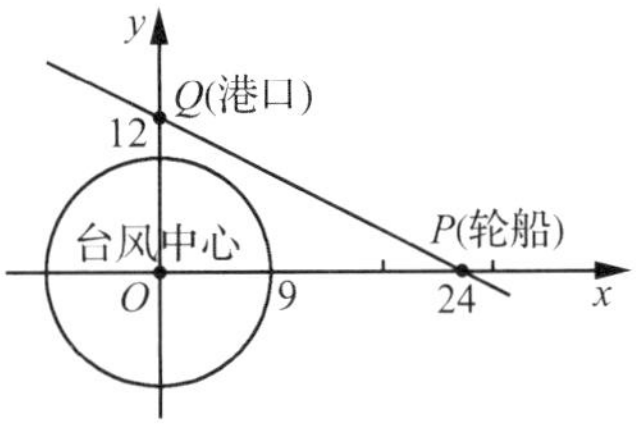

图 8-46

即 $d>r$,所以轮船航线所在直线与以台风中心为圆心、90 km 为半径的圆相离,轮船可沿原航线航行,不会受到台风的影响.

备注 将这个实际问题转化为数学问题:若轮船不改变航线,则需考虑轮船航线所在直线与以台风中心为圆心、影响范围为半径的圆的位置关系.若两者相交或相切,轮船会受到影响;若两者相离,则轮船不会受到影响.

例 2 赵州桥(图 8-47)圆拱的跨度是 37.4 m,圆拱高约为 7.2 m,适当选取坐标系,求出其圆拱所在圆的方程.

图 8-47

解 方法 1 以圆心为原点,以圆拱高所在直线为 y 轴,建立坐标系(图 8-48).设圆的

半径为 R.

由题意,知 $|AB|=37.4$ m, $|CD|=7.2$ m, $|AC|=\frac{1}{2}|AB|=18.7$ m.

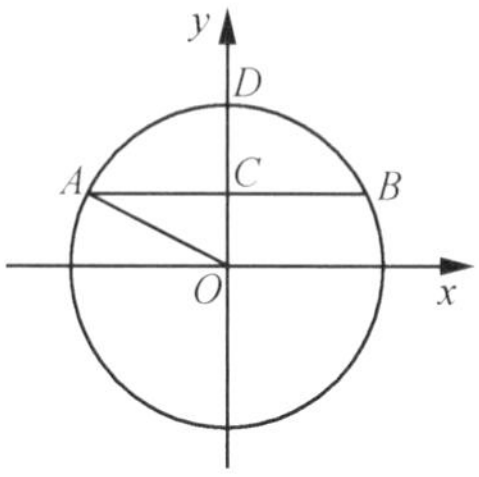

图 8-48

在 Rt△ACO 中, $R^2=18.7^2+(R-7.2)^2$,解得 $R\approx 27.9$ m.

所求圆的方程为 $x^2+y^2=27.9^2$.

方法 2　建立如图 8-49 所示的平面直角坐标系,设圆心坐标为 $(0,b)$,所以圆的方程为

$$x^2+(y-b)^2=r^2.$$

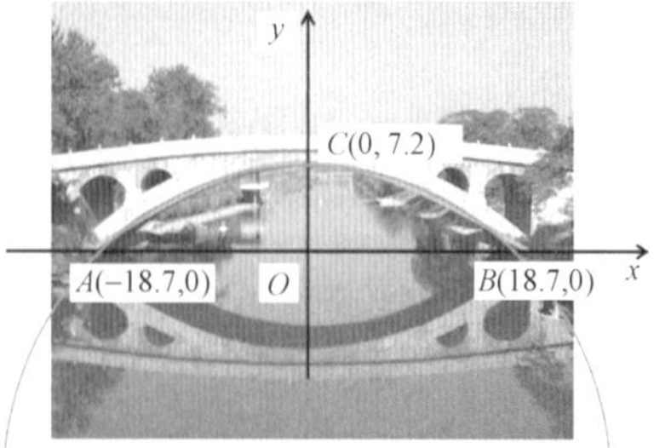

图 8-49

将 B,C 两点的坐标代入方程,得到方程组

$$\begin{cases}18.7^2+b^2=r^2,\\(7.2-b)^2=r^2,\end{cases}$$

解得

$$\begin{cases}b\approx -20.7,\\r\approx 27.9,\end{cases}$$

所以圆的方程为 $x^2+(y+20.7)^2=27.9^2$.

备注　在实际应用问题中,根据题意建立适当的直角坐标系是关键(可以采用不同的方式建立直角坐标系,不同的坐标系有对应的结果),用坐标和方程表示问题中的几何元素,并将平面解析几何问题转化为代数问题.

【课后练习】

1. 如图 8-50 所示,圆弧形拱桥的跨度 $|AB|=12$ m,拱高 $|CD|=4$ m,则拱桥的直径为　(　　)

A. 15 m　　B. 13 m

C. 9 m　　D. 6.5 m

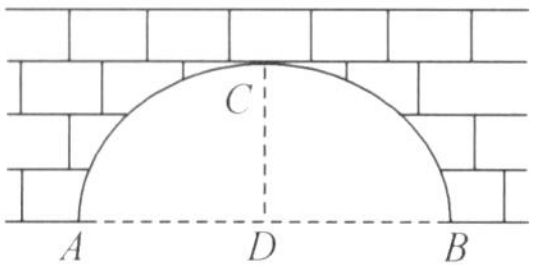

图 8-50

2. 某圆弧形拱桥的水面跨度是 20 m,拱高为 4 m. 现有一船宽 9 m,在水面以上部分高 3 m,通行无阻. 近日水位暴涨了 1.5 m,为此,必须加重船载,降低船身,当船身至少降低________时,船才能安全通过桥洞.(结果精确到 0.01 m)

3. 台风中心从 A 地以 20 km/h 的速度向东北方向移动，离台风中心 30 km 内的地区为危险区，城市 B 在 A 地正东 40 km 处，则城市 B 处于危险区的时间为________h.

4. 某圆拱桥的水面跨度为 20 m，拱高为 4 m (图 8-51). 现有一船，宽 10 m，水面以上高 3 m，这条船能否从桥下通过?

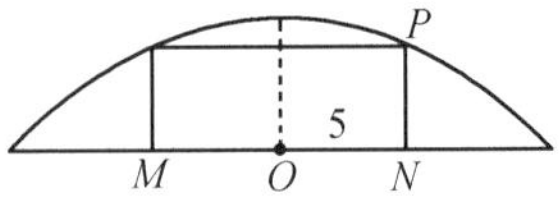

图 8-51

5. 某公园建造一座跨度 $l=8$ m、高度和跨度的比为 $h:l=1:4$ 的圆弧拱桥，每隔 1 m 竖一根撑柱，求第五根撑柱的高.(精确到 0.1 m)

6. 画出方程 $y=\sqrt{9-(x-1)^2}$ 表示的曲线.

【数学文化】

坐标法与数学机械化

笛卡尔开创了解析几何思想方法的先河.解析几何坐标法的形成、发展和完善,使几何问题的求解或求证能通过坐标转化为代数方程求解,同时坐标法使计算机应用到几何定理的证明中成为可能.

明确提出机器可以成为推理工具的思想,要追溯到 17 世纪德国数学家莱布尼茨.他受笛卡尔思想的启发,认为笛卡尔创立的解析几何,目的是将几何推理转化为计算,遗憾的是,由于受当时条件的限制,计算仅仅是手工操作(手摇计算机),无法进行大量复杂的计算,所以用机器实现几何定理证明的想法无法实现.

20 世纪以后,计算机迅速发展.计算机的发明使一些数学家又开始探讨几何定理证明机械化的可能性.1950 年,波兰数学家塔斯基得到一个引人注目的结论:一切初等几何范畴中的命题都可以用机械方法判定.由于他的判定方法太复杂,在实践中并没有太大的进展.1959 年,美籍华裔数学家王浩在计算机上只用了 9 min 就证明了《数学原理》(罗素和怀特海著)中的 350 多个命题,并第一次明确提出了"走向数学的机械化"的口号.

20 世纪 70 年代以后,我国著名数学家吴文俊在几何定理机器证明上做出了重大贡献,并创立了"吴方法".吴文俊是我国最具国际影响的数学家之一.他在拓扑学、自动推理、机器证明、代数几何、中国数学史、对策论等研究领域均有杰出的贡献,曾获得首届国家最高科学技术奖(2000 年)、首届国家自然科学一等奖(1956 年)、首届求是杰出科学家奖(1994 年)、邵逸夫数学奖(2006 年)、国际自动推理最高奖——埃尔布朗自动推理杰出成就奖(1997 年)等."文华逾九章,拓扑公式彪史册,俊杰胜十书,机器证明誉寰球"是对他一生工作的高度概括.

吴文俊机器证明的思想,主要是从笛卡尔的坐标法和中国古代解方程的计算方法而来的.他认为,欧氏几何体系的特点是纯粹在空间形式间推理,或说在图形之间,或者把数量关系归之于空间形式,或者干脆排除数量关系.另一个体系刚好与之相反,是把空间形式转化成数量关系来处理,这种考虑方式就是中国的传统. 早在 11 世纪左右就已产生,当时引进的概念叫天元、地元等,用现在的符号就相当于引进了 x,y 等. 用天元、地元表示某一个几何事实,那么几何对象之间的相互关系就表示成天元、地元之间的一种方程(x,y 之间的一种方程),即 17 世纪解析几何的坐标法.

【拓展应用】

直线与圆的方程的应用是非常广泛的,你能举几个关于直线与圆的方程的应用的例子吗?

自我检测

一、选择题

1. 已知 $A(-2,-2)$，$B(4,4)$，则 $|AB|$ 等于　（　　）

A. 6　B. 12　C. $\sqrt{36}$　D. $6\sqrt{2}$

2. 已知直线 l 垂直于 y 轴，则直线 l 的倾斜角 $\alpha=$　（　　）

A. $0°$　B. $90°$　C. $180°$　D. $270°$

3. 下列直线互相垂直的是　（　　）

A. $l_1:y=2x+1$；$l_2:y=2x-5$　B. $l_1:y=-2$；$l_2:y=5$

C. $l_1:y=x+1$；$l_2:y=-x-5$　D. $l_1:y=3x+1$；$l_2:y=-3x-5$

4. 设直线 l 的倾斜角为 $\frac{\pi}{4}$，在 y 轴上的截距为 -5，则直线 l 的方程为　（　　）

A. $y=-x+5$　B. $y=x+5$

C. $y=-x-5$　D. $y=x-5$

5. 经过点 $(-2,5)$，且平行于 x 轴和 y 轴的直线的方程分别为　（　　）

A. $y=-2,x=5$　B. $y=5,x=-2$

C. $x=-2,y=5$　D. $x=5,y=-2$

6. 以 $A(1,2)$，$B(1,6)$ 为直径两端点的圆的方程为　（　　）

A. $(x+1)^2+(y-4)^2=8$　B. $(x-1)^2+(y-4)^2=4$

C. $(x-1)^2+(y-2)^2=4$　D. $(x+1)^2+(y-4)^2=16$

7. 已知点 $P(3,1)$，$Q(-1,-3)$，则线段 PQ 的垂直平分线的方程为　（　　）

A. $x+y=0$　B. $x+y-2=0$

C. $x-y=0$　D. $x-y-2=0$

8. 下列直线互相平行的是　（　　）

A. $l_1:y=-2$；$l_2:x=5$　B. $l_1:y=2x+1$；$l_2:y=2x-5$

C. $l_1:y=x+1$；$l_2:y=-x-5$　D. $l_1:y=3x+1$；$l_2:y=-3x-5$

9. 直线 $y-4=-\sqrt{3}(x+3)$ 的倾斜角和所过的定点分别为 ( )

A. $-60°,(-3,4)$ B. $120°,(-3,4)$

C. $150°,(-3,4)$ D. $120°,(3,-4)$

10. 过点 $A(2,3)$,且与 y 轴垂直的直线的方程为 ( )

A. $x=2$ B. $y=2$ C. $x=3$ D. $y=3$

11. 直线 $x+ay=2a+2$ 与直线 $ax+y=a+1$ 平行的条件是 ( )

A. $a=\frac{1}{2}$ B. $a=-\frac{1}{2}$ C. $a=1$ D. $a=-1$

12. 已知圆心在$(-2,3)$,且与 y 轴相切,则圆的方程为 ( )

A. $(x-2)^2+(y+3)^2=4$ B. $(x-2)^2+(y+3)^2=9$

C. $(x+2)^2+(y-3)^2=4$ D. $(x+2)^2+(y-3)^2=9$

13. 点 $A(2,m)$ 到直线 $3x-4y-2=0$ 的距离等于 4,则 ( )

A. $m=6$ 或 $m=-4$ B. $m=6$ 或 $m=4$

C. $m=6$ D. $m=-4$

14. 圆 $x^2+y^2+Dx+Ey-4=0$ 的圆心为$(-1,2)$,则圆的半径为( )

A. 6 B. 9 C. 2 D. 3

15. 下列命题错误的是 ( )

A. 每一条直线都有且只有一个倾斜角

B. 每一条直线都有且只有一个斜率

C. 当斜率 $k>0$ 时,直线一定通过第一、三象限

D. 当斜率 $k<0$ 时,直线一定通过第二、四象限

二、填空题

1. 已知直线 $y=kx+3$ 经过点 $M(-4,2)$,则 $k=$__________.

2. 过直线 $x+y=2$ 与 $x-y=0$ 的交点且与直线 $3x+2y+5=0$ 垂直的直线的方程为__________.

3. 经过点$(6,-2)$,斜率为$-\frac{1}{2}$的直线的一般式方程为__________.

4. 点 $A(2,-3)$ 到直线 $y=5x-2$ 的距离 d 为__________.

5. 圆心为$(1,0)$,半径为$\sqrt{3}$的圆的标准方程为__________.

6. 直线 $2x+3y+1=0$ 与圆 $x^2+y^2=1$ 的位置关系是__________.

7. 若直线 $x+y=a$ 与圆 $x^2+y^2=1$ 相交,则 a 的取值范围为________.

8. 直线 $2x-y+1=0$ 的倾斜角的正弦值为__________.

9. 已知直线 l_1 的倾斜角为 60°,若 $l_1 \perp l_2$,则 l_2 的斜率为________.

10. 过 $A(0,0)$,$B(1,1)$,$C(2,0)$三点的圆的方程为____________.

三、解答题

1. 直线 $3x-2y+6=0$ 分别交 x 轴、y 轴于 A,B 两点,求 A,B 的长度.

2. 求下列直线的方程:

(1) 直线经过点 $P(1,-4)$,且与直线 $y=-3x+1$ 平行;

(2) 过点 $A(1,-1)$,且垂直于直线 $2x+y-12=0$;

(3) 经过直线 l_1:$2x-y+3=0$ 和直线 l_2:$x-3y+4=0$ 的交点,且斜率为 3.

3. 已知直线 $l: x+5y+c=0$ 与圆 $C: x^2+y^2=25$ 相切,求常数 c 的值.

4. 已知直线 $l_1: (a+2)x+(a+3)y-5=0$ 与直线 $l_2: 6x+(2a-1)y-5=0$ 垂直,求 a.

5. 已知圆的方程是 $x^2+y^2=25$，求经过圆上一点 $P(3,4)$ 的圆的切线方程.

6. 已知点 $A(2,4)$，$B(-2,2)$. 求：

(1) 线段的中点坐标；

(2) 以线段为直径的圆的方程.

7. 已知圆的半径为$\sqrt{10}$,圆心在 $y=2x$ 上,圆被直线 $x-y=0$ 所截得的弦长为 $4\sqrt{2}$,求圆的方程.